星河
GALAXY

星光溢彩　汇之成河

表达你的态度

星·易读

甜品慰我心

蔻蔻/著

九州出版社
JIUZHOUPRESS

图书在版编目（CIP）数据

甜品慰我心 / 蔻蔻著. —北京：九州出版社，2013.6
ISBN 978-7-5108-2197-4

Ⅰ.①甜… Ⅱ.①蔻… Ⅲ.①甜食—食谱 Ⅳ.①TS972.134

中国版本图书馆CIP数据核字（2013）第138897号

甜品慰我心

作　　者　蔻蔻　著
出版发行　九州出版社
出 版 人　黄宪华
地　　址　北京市西城区阜外大街甲35号(100037)
发行电话　（010）68992190/2/3/5/6
网　　址　www.jiuzhoupress.com
电子信箱　jiuzhou@jiuzhoupress.com
印　　刷　天津市豪迈印务有限公司
开　　本　720毫米×960毫米　16开
印　　张　12.5
字　　数　60千字
版　　次　2013年8月第1版
印　　次　2013年8月第1次印刷
书　　号　ISBN 978-7-5108-2197-4
定　　价　36.00元

美厨娘蔻蔻

认识蔻蔻缘于北京电视台颇有人气的节目《幸福厨房》，第一次见面我们就彼此欣赏。我感觉她喜欢我，我也喜欢她。

和她在一起，你能感觉到她的善良热情聪明执著。我们俩有一点很像——过的是那种老百姓喜欢的日子：高高兴兴上班去，平平安安回家来。

看得出来，她珍惜生活给她的每一次机会，她悟性那么的高，什么事儿一点就透。蔻蔻是位热爱生活、心灵手巧、快人快语、乐于助人的朋友，她要是不把自己生活中积攒下来的那么多的小窍门、小妙招、小经验告诉大家，估计她自己都憋不住。

再说了，真要那样，我和所有熟悉她的朋友也不答应啊。所以说，她出书只是时间早晚的问题，我一直期盼着。

想不到这么快她的智慧、她的灵感、她的经验，就变成了可以长久珍藏的书籍，变成了您可以随请随到的私人美食甜点顾问。如果您碰巧特别小资，想做出一款款赏心悦目清爽可口的小甜品，翻翻这本书，您就会达到目的。它能让您“寻厨艺乐趣，品生活真谛”。

这本《甜品慰我心》既适用于贤妻良母，又适用于准新娘们；既适用于青年女子，又适用于中老年妇女；既适用于女性读者，又适用于关心女性热爱生活的男性。受众群可真够广的。

我知道蔻蔻很重视自己的这本书，她把自己在厨艺方面的心得与大家一同分享，为了让所有热爱甜品的人都能做出和书中一样美妙的味道，她把每个容易出错的细节都为读者考虑到提醒到了。她还对我说：“希望将来我的女儿长大了，也能看着这本书顺利做出来美味的甜品。”

是啊，蔻蔻对自己的作品，就像母亲对孩子，她倾注了很多。那天录制节目间隙，她有点儿忐忑还有点不好意思，吞吞吐吐地说出想让我为这本《甜品慰我心》写几句话，我欣然允诺了。对这位小我二十几岁那么恳切又那么聪明我又那么欣赏的小妹妹，我怎么会拒绝？

再说了，我不是还有自己的小私心嘛，亲爱的蔻蔻小妹妹，书出来之后，给我一本是不够的哟，起码三五本，我的几位喜爱甜食的朋友已经预约了呢。

祝蔻蔻心想事成，也相信这本书会让爱好美食喜欢甜点的朋友如愿以偿。

张悦

2013年6月

中央电视台资深节目主持人，其多年来主持的《为您服务》、《与你同行》、《健康之路》、《夕阳红》等王牌节目，深受观众的喜爱与好评。

不带这样当“家庭煮妇”的

认识朱晶也有些年头了，我们习惯叫她蔻蔻，源于她的网名，全称是“蔻蔻的甜与蜜”。后来大家熟了，聊起天儿才知道，起这么小女人的名字，是因为她觉得既然甜品是甜蜜的，那生活也该过得甜蜜些。唉哟，我后槽牙这酸哟！

不过说实在的哈，第一次看到这女孩就觉得人如其名，永远带着笑眯眯的表情，就没合上嘴的时候，说起话来笑眯眯的，手里干着活也笑眯眯的。可就这么甜得跟蜜似的姑娘甭提多能干了，穿梭于各大电视台的好几档美食栏目担任美食嘉宾，或是客串个主持啥的。笑眯眯手脚麻利地边做着美食，边和主持人和观众们逗着贫，她那语速，不比主持人慢。有她在，不用担心冷场，片子剪出来效果好着呢。

我也总听做电视美食节目的朋友说，蔻蔻是那种让编导们一见钟情的人，不带想歪的啊。因为她不但能在录制前的选题会上给年轻的编导们不少灵感，现场录的时候也是特别顺畅，临时改方案啥的，从来难不倒她。经她设计的菜式或甜品，总是美味和营养兼顾。

也臭美，化完了妆，喜欢自拍几张扔网上，基本都是那几个看着脸小显瘦装嫩的角度，我们都审美疲劳了。我说蔻蔻，你敢化妆前拍，还不带修图的么。哪怕心情再差，看见这个可以跟你一边聊着天，一边就两手翻飞着变出各种甜品美食的姑娘，你也会心情大好，她身上就是那么有亲和力。

她的美食博客点击率过千万，微博粉丝数也极为可观。看过她博客的人都知道，咱们手边儿常见的食材，在她那儿，简单弄吧弄吧，就能变幻出各种口味喜人的甜品。甜品这东西好啊，是生活的小馈赠，可以抚慰你心，无论何时，一块小小的甜品也许就能带走你的烦恼。它可不能专属于女士，我们大老爷们儿也有细腻的一面，爱好者也不老少呢。

一直觉得甜品的制作是个享受的过程，看着那些原料一点点地脱胎换骨，在自己手里成为一个个美丽的成品，这个过程完全是制作者自我陶醉的过程。蔻蔻的这本书将带着你走进甜品的世界，详细的制作过程，精美的图片，各种体贴的小贴士让你体会到制作甜品的过程是如此的美妙，让她的笑容抚慰你的心，让她的甜品安抚你的胃。

对了，别小看这位笑姑娘，她对外总声称自己是“家庭煮妇”，可有你这样的煮妇么？真实身份不但是“国家高级西式面点师”，居然还是“国家高级公共营养师”！又身兼国内知名美食课堂的特邀烘焙讲师，时不时码码字儿在各杂志上写个专栏啥的，还马不停蹄地参加各大活动。

成天忙得脚打后脑勺，照样把她四岁的宝贝闺女照顾得人见人爱。时不常地，在微博上发她闺女正像模像样跟小大人似的做甜点的照片，你这就打算开始培养接班人了么？

你说，有你这样当“家庭煮妇”的么？“家庭煮妇”要都你这样儿，那其他姑娘们压力得多大啊，我们这帮大老爷们儿得多省心多幸福啊！

说你呢，别傻乐！

食尚小米

2013年6月

中央电视台美食节目顾问，美食畅销书作家，多档美食节目嘉宾主持。

自 序

是所有的作者都需要为自己的书写自序么？写点儿什么呢？尽管这本的书书名在我的脑海里早已自然存在，但要延展成一篇文字，还是让我很茫然，无从下笔，以至拖了很久迟迟交不了稿。

这两天一直在接受意大利大厨的西点培训，珍惜所有与西点有关的学习机会。但每天来回四个小时的路程还是有些疲劳。亚亚幼儿园的接送工作也只能由先生来完成。到家后发现他的感冒加重，我放下包没来及换衣服先把晚饭做上。

饭后，我们起了点小冲突，整个过程不到两分钟，然后置气到现在。芝麻大点儿的小事，只是因为我觉得他的某句话语气过于强硬而感到委屈。其实我也知道，结婚十二年了，这不是我们第一次闹别扭，当然也不会是最后一次，那种一辈子都没红过脸的夫妻关系对我而言是遥不可及的传说。

早早地就明白自己只是个普通女人，虽不至于是女汉子，却也绝成不了女神。没有经历过怀揣钻戒单腿下跪的求婚，没有举办过众星捧月的婚礼，没接收过情人节的那束玫瑰，没享受过耳边的絮絮蜜语，被哄开心是什么滋味？接受对方主动赔礼道歉是什么感觉？不知道哎。

然而，做普通人更踏实，每每听到或看到女性朋友享受这些福利，羡慕一下嫉妒一下，仅此而已。我的两人生活里更多的是一部电影，一桌好饭，一块甜点，一段旅行，发现一个食材丰富又新鲜的菜市场，找到一间味美价平的小饭馆……这些点滴琐碎的快乐。当然，还有孩子，孩子是人间至宝。

过着日子，坐过月子，庆幸还没把生活弄成段子。能从他那里得到快乐当然很好，但幸运的是，我还有着让自己快乐起来的方式。

“当看到巧克力、黄油、糖能够很好地融合在一起，是种安慰”，制作甜品的过程是安静从容的快乐，而与他人分享时，则是炫耀张扬的快乐，对方嘴里含着我亲手做出的甜品，发出的那一声“唔……”是如此销魂，胜过千言万语。

想到多年前，他吃到我做的第一只柠檬奶酪派，脱口而出：“太好吃了，老婆，爱你一万年！”让现在的我又一次嘴角上扬。这是屈指可数的他的情感外露，也正是这句话改变了我的人生轨迹，找到了属于我的造梦空间童话世界。

女人天生爱做梦，博客是我的童话世界，里面全是自己制作拍摄的美食与甜品，也是这些年来的生活记录，作为一名摄影菜鸟，我孤芳自赏地满足着。当本书编辑找到我时，突然惶恐起来，后悔当初为什么不能学学摄影，把照片拍得漂亮些。

不太愿意把这本书做成简单教条的菜谱，只想通过每篇的文字，交待出那款甜品的缘起，让你体会我做那款甜品时的心情，甚至想象成你正在我的厨房里听我啰啰嗦嗦，兴致来了还一起动手。

既然这是本和日子有关的甜品书，那么，我也希望能如过日子般地分出春夏秋冬，每个季节里都有其代表品种，正如我们似水流年里那点点闪光。

每一步的操作都想尽量写得详细再详细，只因我有个小私心——等亚亚长大些，希望她也能照着这本书做出味道一致的甜品，能体会到岁月静好，把这份平安喜乐延续下去。

感谢爸爸妈妈，正是你们对亚亚无微不致的细心照顾，我才有时间做出这些甜品并享受所有过程。感谢亚亚，你让我知道“妈妈的Nainai是草莓味的”，甜味带来的幸福感，原来真的源自于母乳。

写到这里夜已深，我的先生正微微发出酣声。没有后来你吃“淋面巧克力蛋糕”时又说的“爱你两万年”，也就不会有我的现在。好吧，我当然也感谢你。

这就是我的生活，甜品慰我心，希望也能安慰你的心。

蔻蔻

结稿于2013年6月5日

国家高级公共营养师

国家高级西式面点师

旅游卫视、北京电视台、河北卫视、东南卫视、吉林卫视、河南卫视、重庆卫视、深圳卫视等多家电视台多档美食节目长期合作嘉宾

《贝太厨房》特邀烘焙讲师

国内多家知名杂志专栏撰稿人

北京电视台《家有仙妻》达人赛冠军

搜狐网2011年“妈咪达人”

目录

春

夏

秋

冬

烘焙常用工具及原料介绍

我常觉得，相比厨艺，未婚女孩子如果先懂点儿烘焙，能亲手烤出点儿饼干、蛋糕啥的，会是更吸引人的一项本事。会做饭自然很好，可是能尝到你优秀手艺的人毕竟有限，而烘焙却能让你不受时间地点人数的限制，将你的成就感最大化。想象一下，某个倦怠的办公室下午，你拿出一盒自己烤的巧克力曲奇，全公司的同事都会因你的作品而分外提神。

我也常说，烘焙是艘甜蜜的贼船，上去了就不想再下来，你会往这条船上搬运各式各样的原料和工具，直到不堪重负，你甚至觉得要换个大房子才能更好地安置它们，以便你大展拳脚。

经常会有朋友在我的微博或是博客里留言，作为一名烘焙新手，先要准备哪些基础原料和工具呢？说实在的，我家里现在也是堆得满坑满谷，但真正常用的，用得顺手的，只占了不到一半。总结了一下，将我的使用心得介绍给大家。

工具类

烤箱：

烤箱是必备的烘焙工具，主要分为嵌入式烤箱和台式烤箱。

很多高端厨房品牌都有嵌入式烤箱，容量大，控温精准，功能全面，与厨房设备做成一体，售价较高，烘焙爱好者可在厨房装修时考虑配备，一次到位。

台式烤箱体积相对较小，容积量在25-60升不等，经济实用，是烘焙新手的首选。台式烤箱以下几点是必备项，其他都可以酌情考虑：

1．上下烤管可分开调整控温，烤管越多炉温越均匀。

2．具备低温发酵功能，方便发面团和自制酸奶。

3．最高温度不低于220度。

4．至少可以放入一只直径不低于25公分的烤模，蛋糕放在烤箱中间位置烘烤时，起发的最高处离上端烤管要有10公分的距离，若烤管离得过近蛋糕容易焦。

新烤箱的打理：

用沾了淡厨用洗洁剂的湿布，把烤箱内壁烤管配件先擦一遍，抹布洗净后拧半干重擦一次上几项。敞开炉门待自然风干后，关上门用最高温空烤20分钟后敞开炉门散味及降温。烤盘中放满水加入几滴新鲜柠檬汁或姜片，200度烤15分钟，半敞炉门待降温后用半湿的净布重擦内部，待风干后新烤箱的机油气味即可完全去尽。烤过肉类后用同样的方法及时清洁以免烤甜点时串味。有的嵌入式烤箱具有自洁功能，就很方便了。

硅胶烘焙垫、油纸、锡纸：

硅胶烘焙垫柔软不怕折，可以多次使用。表面印有直径不同的圆形，在做派皮、翻糖皮、饼干时，可以按着垫子上的尺寸进行整形。硅胶垫耐高温，在烤饼干、马卡龙等点心时使用，防粘效果很好。

油纸属于一次性的烘焙用纸，特点是价格低廉，还可以按模具的不同尺寸进行裁剪。

锡纸在烤制肉类食品时使用较多，在烤蛋糕时为了防止表面上色过快，也可以加盖锡纸。

刷子：

大刷子多用于在烘焙食品的表面刷蛋液、蜂蜜等液体。小号刷子用于精细装饰。

毛刷多用在甜点上，间隔较大的硅胶刷多用于烤制肉类时刷酱汁。

电子秤：

电子秤需要精确到克，而且带有“清零”功能，在用一个容器称不同食材的时候会非常有用。

量勺：

在使用较小份量的材料时，会用到量勺。不锈钢的量勺好打理且清洁方便，使用时不易粘粉。

用量勺舀起材料，装满后将勺表面刮平，留在勺内的为标准使用量。

1汤匙=3茶匙=15ml，1茶匙=5ml，1/4小匙=1.5ml

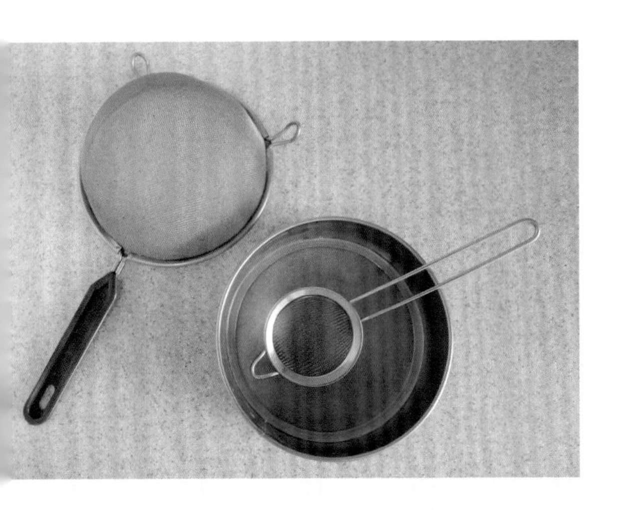

粉筛：

面粉过筛后，可以去掉结块，并使面粉更蓬松，成品口感细腻。

大的筛子用于筛面粉等食材，小号的茶筛可以将可可粉、糖粉等均匀撒在甜品表面，进行装饰美化。

橡皮刮刀、刮板

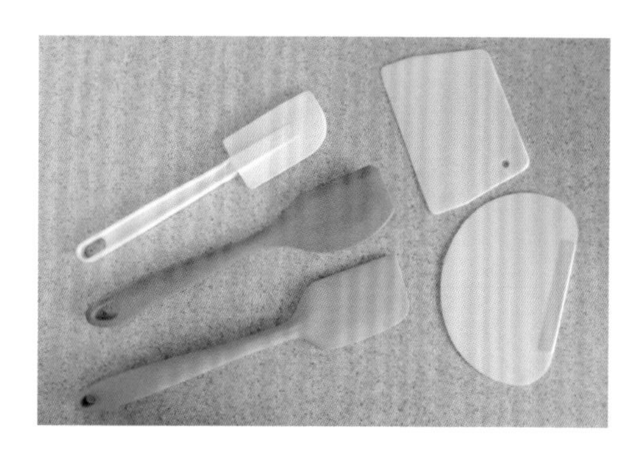

橡皮刮刀在搅拌食材时用得到，还能将料理盆内的食材有效刮干净，避免浪费。

直线长条的刮板多用于在台面上的操作，可以将台面上的粉类很好地铲在一处。在对冷藏黄油与面粉进行混合时，也会经常用切拌的方式。饼干在台面上切成形后，有时可以用直线刮板将其轻铲起移至烤盘中。

圆弧形的刮板多用于对圆形料理盆内食材进行混合，不会存在死角。

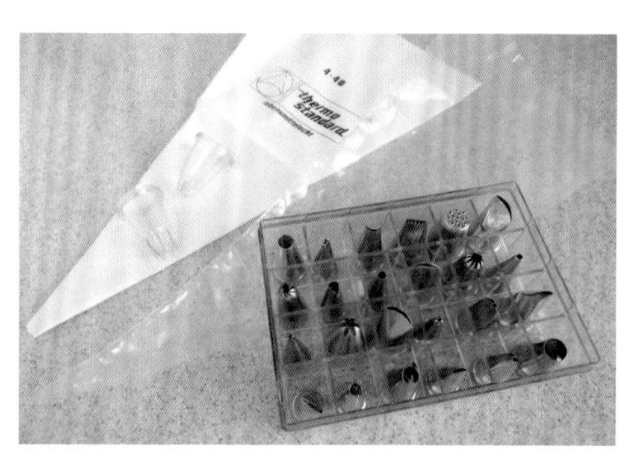

裱花嘴、裱花袋：

不同的裱花嘴可以做出不同的造型，其中星形裱花嘴的用处最多。大号的可以用来挤曲奇，小号的可以挤出云朵纹、螺旋纹、星形纹等不同的奶油造型。在烘焙初期，备上一大一小两只星形裱花即可满足大部分情况下的需求。优质的裱花嘴质地较厚，齿间纹路清晰，整体无焊接。

布质裱花袋多用于挤制曲奇等较稠的面糊，可以反复清洁使用。

塑料的裱花袋多为一次性，价格低廉，使用方便，免去了清洁的麻烦，不太适用于较干的面糊。

手动打蛋器、手持式电动打蛋器：

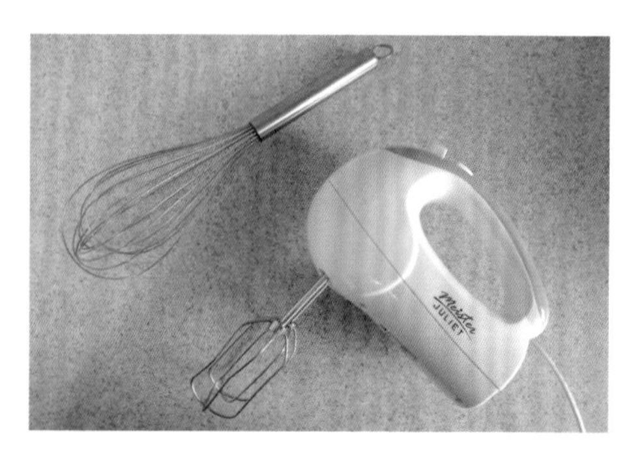

手动打蛋器多用于搅拌或混合食材，比如蛋黄与糖、牛奶与油、较稀的面糊等。专业人士也会用其进行蛋类等其他食材的打发，但极费时间、体力，要求具备一定的技巧，烘焙新手很难达到。

手持式电动打蛋器可以帮助烘焙新手轻松地对全蛋、蛋清、黄油、奶油进行打发。最适合的打发量是食材没过打蛋头三分之二处。食材量较多时，手持式电动打蛋器的能力有限。有的手持式电动打蛋器还配有弯勾状搅拌头，因功率不大，只适合制作较稀的面糊，并不能真正用于揉面团，所以用处不大。

厨师机：

功能强大的厨师机是专业西点师的必备工具，也是烘焙爱好者的终级武器，揉面团、打发、搅拌，这三项主要功能堪称优越。能代替手工揉面且效果完美，能在很短时间将大量鸡蛋或黄油打发到最佳效果。有的厨师机还有很多可选配件，能够实现绞肉馅、切菜切丝、榨果汁、灌香肠、压面条、做冰激凌、包意式饺子、研磨谷物等等许多功能。因其功率强劲，比很多小型食品加工机效率更高，使用年限可达几十年。

料理盆：

不锈钢料理盆比玻璃盆好打理更经用，中号和大号各备两只最为理想。圆弧形底部不会存在死角。尽量不要选择直上直下的圆柱形料理盆。

擀面杖：

做饼干、派皮、面包、翻糖等品种时都会用到。中式的就行，讲究些可选西式的，也称走槌。

耐热手套:

花里胡哨的手套大多轻薄不隔热，大而厚实的才能真正起到保护作用。要备两只。

锯齿刀、裱花刀:

要想烤好的蛋糕、面包切得整齐漂亮，就必须备有锯齿刀。讲究的还会对锯齿的形状和间隔有特别的要求，比如专用的面包切片刀等。但烘焙新手先简单购买一把带锯齿的刀，就能应付大多数情况。

刀身轻薄略有弹性且两边没有刃的是裱花抹刀，能将打发奶油均匀平滑地抹在蛋糕表面。如果不经常制作裱花奶油蛋糕，则可以省去。

裱花转台:

是对蛋糕进行整体装饰时的重要工具。金属的裱花转台旋转速度较快，可以在蛋糕周边和表面抹奶油时达到光洁的效果。家庭中使用硬质塑料的比较轻巧省空间。若只是偶尔使用，可用微波炉转盘代替，但达不到抹面的要求。

烤箱温度计、测温笔：

台式烤箱一般都会存在15-30度左右的温差，使用烤箱温度计可以省去摸索的过程，能较快速精准地知道新烤箱的实际温度。

测温笔在制作糖浆、巧克力等情况下使用。

金属烘焙模具：

金属模具耐磨经用不易变形，价格适中，因而使用最为广泛。在西点中，很多品种都有其专用的模具，但有些模具是可以通用的。图中包括长条磅蛋糕模、心形派盘、咕咕洛夫模、戚风蛋糕模、带盖土司模、圆形活底蛋糕模（最常用，必备）、活底派盘（可兼作披萨盘）、心形活底蛋糕模和小咕咕洛夫模。

直径约20cm为8寸，可供4-6人食用。直径15cm的为6寸，供两三人食用。

铂金硅胶模具：

目前在国外，铂金硅胶的烘焙模具使用得比较普遍。它的特点是添加了铂金作为催化剂，主要用于婴儿奶嘴、医疗用品、食品接触类模具。其耐温范围为零下60度至高温220度。且具有不亲水和天然抗菌的属性，清洗容易好打理。最重要的一个优点是不粘模，烤好后非常好脱模，这点对新手尤其重要。现在的铂金硅胶模设计感都很强，算是厨房里的一个亮点。

纸质模具：

纸质模具多为一次性，省去了洗刷的麻烦且外观可爱多变。厚的耐高温的纸模可独立放入烤箱中烤制。薄的纸模则需要放入金属模具或硅胶模具中再入烤箱。许多杯子蛋糕多是用这种方式。

陶瓷模具：

质地厚重的陶瓷模具保温效果不错，可以直接放在加了水的烤盘中进行“水浴式烘烤”，多用于制作各式布丁、苏芙厘等品种。

锡类模具：

一次性使用的锡类模具多用于烤制肉类或焗饭、焗意面类，其特点是热传导快，郊游聚会时携带方便。

慕斯圈：

各种形装的慕斯圈是制作慕斯等冷藏类甜点的专用模具，脱模时可用热毛巾包在慕斯圈外壁半分钟，使蛋糕边缘变软后，轻将慕斯圈提起即可。慕斯圈也可以在底部包上两层锡纸，临时充当烤模。在选购时宜选用光滑厚重的。

饼干模：

饼干模主要有金属和塑料两种。金属模更耐用不宜变形。应选购质地较厚且边缘光滑的，这样在压模的时候成品也会光滑无粘连。

同一烤盘的饼干，建议大小、形状、厚薄要一致，否则会因为受热程度不同而影响外观。

糖霜装饰板：

糖霜装饰板带有各种镂空图案，烘焙新手只需将板子悬架在蛋糕表面，用小茶筛撒上糖粉、可可粉、绿茶粉等，就能做出简约大方的装饰效果。也可以打印出自己喜欢的图案，粘在硬纸板上再做出镂空板使用。

按压式月饼模：

相对于老式木质月饼模，硬质塑料的按压式月饼模花样更为繁多，且脱模方便容易清洗。一般分为成品50克、80克等不同的重量，花片种类繁多可以自选。这类月饼模不但用于制作广式月饼、冰皮月饼，还适用于绿豆糕、山药糕等中式压模糕点。

原料类

黄油：Butter

黄油为牛奶中提炼出来的油脂，有的书中称其为奶油。黄油分为有盐和无盐两种。西点中主要使用无盐奶油。若使用有盐黄油，可将配方中的盐量减少或去掉。黄油若不新鲜会严重影响烤制的甜点品质，短期间用不完的黄油要密封冷藏。黄油在购买时宜少不宜多， 若购买过多，可切成小份量用保鲜膜分装冷冻保存，使用前提前一晚移至冷藏室。

一般黄油在制作前，都需要提前放置在室温环境中进行软化，软化至用手轻按能出小坑即可进行下一步的操作。

鸡蛋：

鸡蛋在打发时会因混入大量空气而体积变大两至三倍，混入面粉后，是支撑面糊内部空气的主要力量，在面糊进入烤箱加热时，混入的空气受热膨胀，从而拉动蛋糕的体积增大，确保烤好的蛋糕蓬松轻盈充满空气感。在西点品种里，有以全蛋打发为主的海绵蛋糕，也有以蛋白打发为主的戚风蛋糕。前者蛋香浓郁，后者轻盈细腻。

如果采用全蛋打发，其最佳打发温度与人体温度相同，夏天可提前将蛋从冰箱中取出静置与室温相同。天凉打发时，需要隔温水打发。

蛋白打发正相发，刚从冰箱中取出的鸡蛋分离出蛋清后打发，可以很好地保持打发蛋白的韧性，在拌入面粉时不容易消泡，烤的时候不易回缩。

鸡蛋用量的多少影响到烤制的点心软硬度，蛋液还是烘焙时常用的表面上色剂。新鲜的蛋黄也是家庭制作冰激凌最常用到的乳化剂。

低筋面粉：Cale Flour

低筋面粉的筋性较低，其蛋白质含量约为7%-9%，能使烤制的蛋糕蓬松、饼干酥松，因此也称“蛋糕粉”。低筋面粉比较容易结块，需要每次在制作点心前现筛现用。散装低筋面粉要在相熟的店家购买，整包装的品质更有保障。

高筋面粉：Bread Flour

高筋面粉也称“面包粉”，筋性较高，其蛋白质含量约为11%-13%，一般用于软式面包的制作，能使面包蓬松柔软。不建议家庭制作面包时加入“面包改良剂”，虽然它能让面包内部组织更为均匀蓬松，也能延长老化时间，但是会牺牲掉面包特有的麦香味。

刚出炉的面包最好吃，不宜冷藏。吃不完的面包可以装入保鲜袋冷冻保存，临吃之前取出室温软化后，表面喷一点水，放进预热后的烤箱再回炉5分钟左右即可。此方法不宜用于夹了蔬菜水果或奶油馅类的面包。

泡打粉：Baking powder

泡打粉在遇水受热后，可使面糊体积膨大，使烤制的成品更为蓬松和酥松。多用在饼干或玛芬类蛋糕中。家庭烘焙，成本考虑不是重点，因此建议使用无铝泡打粉，避免金属铝的摄入。

酵母粉：

酵母主要分为新鲜酵母和酵母粉，用于面团发酵。目前家庭制作较多使用的是酵母粉。若做糖分较高的甜味面包，需要使用耐高糖酵母粉。用酵母粉时要注意是否在保质期内，要密封阴凉处保存。使用时宜与温水混合以激发其活性。

玉米淀粉：

玉米淀粉遇水混合均匀后，在65度以上时可以起到糊化凝固的效果。多被用来加工成布丁馅、挞派馅。在制作戚风蛋糕时，也会在配方中用一部分玉米淀粉代替低筋面粉，这样烤制的成品更为轻盈柔软。

糖类：

西点制作中主要用到的是细砂糖，特点是颗粒细小，在与蛋清或面糊混合时更容易融解，而且可以吸附较多的油脂，从而产生理想的乳化作用，能让烤制的成品内部组织更均匀。在制作馅料或冰激凌时，也可以用绵白糖代替。

红糖给甜点带来迷人的焦糖味道，也能丰富成品颜色。

蜂蜜不但能让甜点更有风味和营养，还可降低糖份，同时也能使蛋糕组织更湿润，有一定的保湿作用。

制作曲奇时使用糖粉，能使成品更酥松。糖粉也经常撒在甜点表面用于装饰。

牛奶：

全脂牛奶可以提高甜点的品质和营养价值，不建议使用脱脂或半脱脂奶。牛奶可以用来调整面糊的调度、增加蛋糕体的水分，而且能使外观颜色、食用口感更为完美。

淡奶油：Whipping cream

淡奶油由牛奶加工而成，呈乳白色，比牛奶略浓稠。乳脂含量在30%以上，奶香浓郁营养价值高。淡奶油经打发后，可以作为蛋糕表面的装饰或慕斯蛋糕的馅料。未打发的淡奶油多用于制作冰激凌、挞派类甜点的馅料、巧克力或焦糖奶油酱、牛轧糖等。

淡奶油的最佳打发温度是3-4度，在打发时外部要隔冰水，也可将打发盆提前冷冻半小时，以确保打发时的低温。淡奶油的塑形和保持效果有限，并不适合进行复杂的裱花。但裱花奶油（植脂奶油）不是真正的乳制品，其反式脂肪酸含量较高，口感较差，常期食用无益于身体健康。

在夏季购买淡奶油，要注意在运输过程中保持其低温，否则会影响其打发。

奶油奶酪：Cream cheese

奶油奶酪是一种软质奶酪，是烤奶酪蛋糕和慕斯类蛋糕的主要食材。奶油奶酪开封后密封保存最多半个月，因此需要尽快使用。也可将用不完的奶油奶酪包上保鲜膜冷冻保存，使用时提前取出室温软化，但风味会打折扣。

马斯卡彭奶酪：Mascarpone Cheese

意大利经典甜点“提拉米苏”的灵魂材料，由新鲜牛奶发酵凝结，继而取出部分水分后所形成，软硬程度介于淡奶油与奶油奶酪之间，带有轻微的甜味及浓郁的口感。用马斯卡彭奶酪代替奶油奶加在慕斯蛋糕中，能使口味瞬间提升。因其实际上属于凝结类奶油，所以保质期极短，价格也比较昂贵。

巧克力、可可粉：

巧克力应该尽量选择可可脂含量在60%以上的黑巧克力，这样做出的甜点才会香浓顺滑富有营养。白巧克力用于甜点表面装饰较多，应该选择可可脂含量不低于30%的。可可粉在制作巧克力味的点心时会有加入，也经常撒在甜点表面做装饰。

香草棒、香草油：

香草棒又称香草豆荚，味道香甜微带有点奶香，是甜点制作的点睛原料，使用时需用小刀剖开，将籽混入甜点材料中。在熬制糖浆或奶油时，也可同时将外皮一起煮制，香味更加浓郁。

将香草棒埋在细砂糖中密封保存两周，即可制作成香草砂糖。

香草油是将天然香草棒经加工提炼而成，只需在使用时加入几滴即可。

吉利丁片：

吉利丁属于片状明胶，明胶是从动物皮和筋骨中提取的天然凝结剂。吉利丁要先用冷水泡软后控去水分，隔热水加热后融化成液态，待降至室温时再加入其他材料中，经冷藏即凝固成型。主要用于慕斯类冷藏甜点中。一般情况下，一片吉利丁片在泡软融化后的重量为15克。

坚果、干果：

西点中经常用到的坚果是杏仁、榛子、核桃、开心果、椰子粉等。杏仁现在也称巴旦木，分为杏仁粉、杏仁碎、杏仁片等。有的坚果会加工成酱，用在馅料中，比如榛子酱、开心果酱、栗子泥等。

常用的干果主要有葡萄干、无花果干、杏子干、蔓越莓干、西梅干等。

食用色素、装饰糖：

各类可食用糖针、糖珠、银珠、翻糖小品，可将蛋糕轻松打扮得更加可爱迷人。

春

暖春、周末、艳阳天，多么好的派对时光！年少时曾经有一阵乐此不疲，成天想着如何打扮得衣不惊人死不休，也有过通宵跳舞的经历，那是多少年前了？可能很多人都有过这种回忆吧？

渐渐地，长大了，成家了，有了孩子，现在的兴趣点是如何做出让家人满意的美食，如何把家里弄得尽可能地舒舒服服，如何让小亚亚健康成长……派对，已很遥远。

闲时给草莓化个妆，让它们穿上美丽的衣服，珠光宝气，来一场草莓的周末派对吧，多好玩。

把季节封进瓶子里

草莓果酱

以前不知扬州本地草莓这么好味，自然熟到内芯，肉质紧实酸甜香浓，滋味浓厚，入口竟有淡淡的茶香。

也曾吃过动辄近百元的稀有品种，再甜也是带着淡淡水气的。而本地草莓许是没想走高产的路子，索性让其自然生长自然成熟，纯正的酸和甜浓缩在果实中，接了地气。比我吃过的任何草莓都好。

才十元一斤，记得有次买了三斤想全做成草莓酱，又有点舍不得，思来想去还是空口吃最享受，只好挑出到家后表面微破的来熬制，从没见过那么艳的汁水，真心美。

每次熬果酱都有点小纠结，因绝大多数的水果富含维C，高温熬煮会损失掉不少。但手工果酱的滋味实在诱人，且除了维C外，水果的其他的营养成分不受影响。果酱用另一种方式延长了优质应季水果的保存期。

我熬果酱喜欢淋上点柠檬汁，这样可以防止水果氧化变化，熬出来的颜色更鲜艳。另外，浆果类在高糖环境下受热后本身会渗出大量果汁，一般情况下不用额外加水，熬煮时不但节省时间，滋味还更浓郁。只有像菠萝、苹果等质地较硬的水果可以适当加些果汁，或者先打成果蓉再熬制。

用什么锅子我也是有点小矫情的，绝对不用铁锅，最好不要金属锅，可以搪瓷锅，最喜欢砂锅或可以放在明火上的玻璃锅。因为水果中的酸性会与铁等金属锅产生化学反应，影响成品的颜色和口味。

还有什么礼物比自己亲手做的果酱更贴心、更能给对方带来惊喜？把四季的新鲜水果浓缩在美丽的瓶子里，也留住了在那个季节里所有的回忆。

原料

草莓1000克、冰糖200克、柠檬1只

做法

1. 草莓洗净去蒂，对切成四瓣放入锅中。
2. 在草莓中放入冰糖，擦入柠檬外皮，挤上半只柠檬汁拌匀。
3. 小火煮至草莓渗出汁水，整个熬煮过程中需不停用木勺划圈搅动以免糊底。
4. 撇去表面浮末。
5. 煮制过程中草莓变软，冰糖完全融化，汤汁开始变浓稠。
6. 煮至锅内汁水蒸发大半以上，草莓果肉融化，用勺舀起后缓慢滴落。
7. 用勺在锅底划过，果酱需一两秒后再并拢，即可关火。待彻底凉后装入无菌瓶中保存。

1

2

3

4

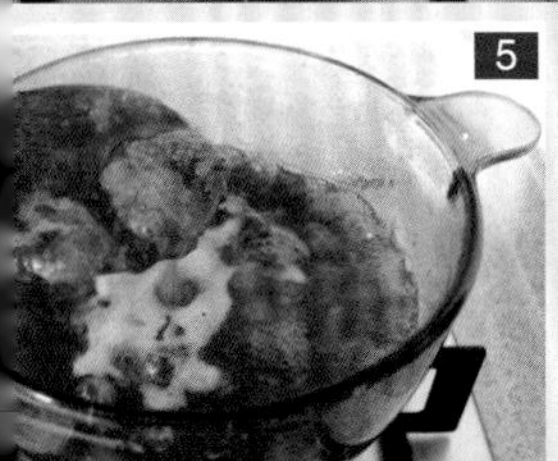
5

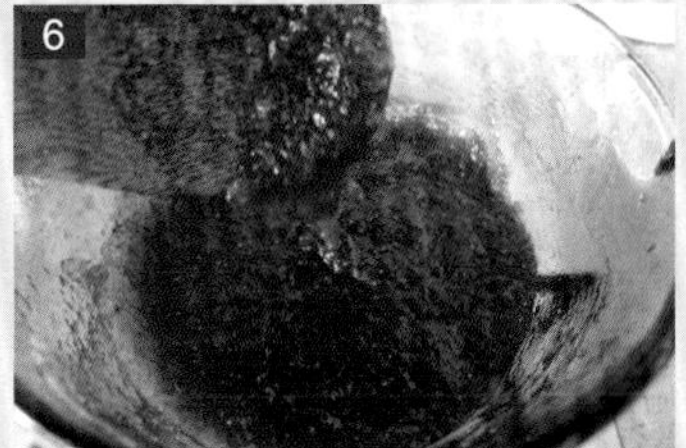
6

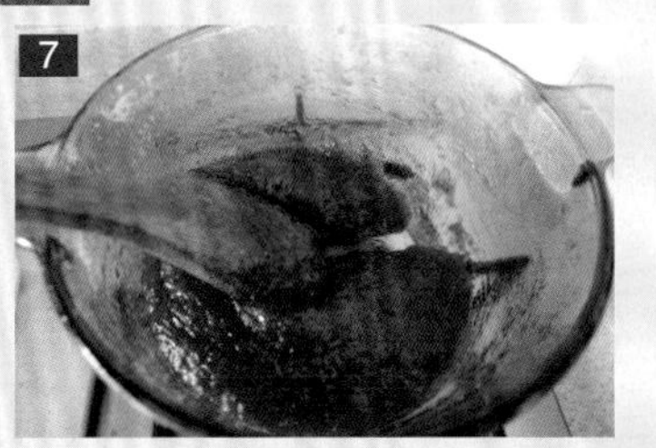
7

天一暖和，就惦记着吃喝点儿凉快的。

也不知道咋的，一提起各种奶昔，老让我想起小女孩儿嗲嗲的样子，似乎这是适合甜美可爱的女孩子的饮料，尤其是用上又香又美的草莓，粉粉的更是惹人喜欢。

到了夏天，姑娘们街拍时都喜欢手里握上这么一杯，为了摆拍去买现成的倒也能理解。可是平时完全可以自己做来喝啊，又简单又省钱，还更放心呢，尤其是做给小朋友们喝，外头卖的实在是不放心。

买回草莓，用自制的冰激凌和酸奶来配合，只是用搅拌机略打一下即可，水果不要打过细，带点颗粒果香才更浓，口感也更丰富。酸甜顺滑的草莓奶昔就这样分分钟能做好。

用同样的方法，改成别的水果来配还能翻出花样来。草莓奶昔、香蕉奶昔、菠萝奶昔、芒果奶昔、哈密瓜奶昔……想想就清凉。

分分钟做好的饮品

草莓奶昔

■ 原料 ▲▲

原味乳酸菌酸奶1盒、草莓冰淇淋100克、新鲜草莓10颗

■ 做法 ◀◀

草莓用淡盐水泡10分钟后冲净控干，切成小块，与草莓冰淇淋、酸奶一起放入搅拌机略打匀，倒进杯中，如果要漂亮，装饰上打发淡奶油，薄荷叶即可。

蛋糕里的春天

紫藤花蛋糕

我家以前所在的小区花园里，每年春夏有两处景致是很不错的，一处是那几棵石榴树，每年先是开着满树火红的花朵，九月开始，累累的果实压满枝头，看着就有丰收的喜庆。可是有一年猛然发现已被物业砍去，也不与业主们作个交待，无奈！

还有一架爬满凉亭的紫藤，每到春天，如紫色雾霭般密密盛开，老远就闻到甜香。坐在亭里，落英缤纷随风飘下，地上是厚厚的一层紫色花瓣，美不胜收。但愿这架紫藤还能年年花好。

紫藤花有解毒、止吐泻等功效，还可以提炼芳香精油。紫藤花可以蒸着吃，北京也有“紫萝饼”、“紫藤糕”、“紫藤粥”及“炸紫藤鱼”等等，小区里阿姨们也说可以凉拌吃，和槐花的吃法差不多。

习惯使然，我想着把紫藤花加进西点里试试。爸爸妈妈喜欢吃松松软软的戚风蛋糕，那就设计款带有春天气质的“紫藤花戚风蛋糕”好了。突出紫藤花的清淡风格，液态原料里我用的是水和色拉油，糖也减到60克，对于一只7寸蛋糕来讲，这个糖量真的算少了。

操作方式和我常做的戚风倒没有特别的不同，只是蛋黄液打发得更稀些，蛋清打得成湿性偏软，这样才能烤出具有弹性和湿润度更大的蛋糕体。我也很享受用手动打蛋器打发蛋白的过程呢。

烤后的蛋糕很轻盈，倒是挺衬紫藤花的柔美。这类清淡类蛋糕适合直接食用，不适宜抹奶油加水果，配杯清茶就很好了。

“开到荼蘼花事了”，用这款带着春天气息的蛋糕，向北京短暂的春天挥手作别。

■ 原料

低筋面粉80克、鸡蛋6枚、细砂糖60克、色拉油40毫升、水80毫升、盐1/8茶匙、新鲜紫藤花35克

■ 做法

1. 取两只无水无油的钢盆，将蛋清与蛋黄分开，把装了蛋清的料理盆先放冰箱冷藏。低筋面粉和盐提前过两遍筛备用。把糖分成各30克的A、B两份。

将A份糖的1/3加入蛋黄中，用手动打蛋器搅打至糖完全融化，再将剩余的糖分两次加入，并搅打至糖完全融化，蛋黄呈乳白色，体积略有膨胀，用打蛋器捞起时，流淌下的蛋黄液在盆中有短时间的堆积痕迹，即“缎带状”。

2. 加入色拉油，用搅拌均匀呈乳化状，即色拉油与蛋黄液完全融合，看不到细微的油星。加入水，完全搅拌均匀。

3. 将过筛的低筋面粉和盐一次性全都倒入盆中，用手动打蛋器以“8字形”或“Z字形”手法，将粉类与蛋黄液快速拌匀，面糊中没有颗粒状的粉类。此时蛋黄面糊用捞起后，落下呈缎带状。

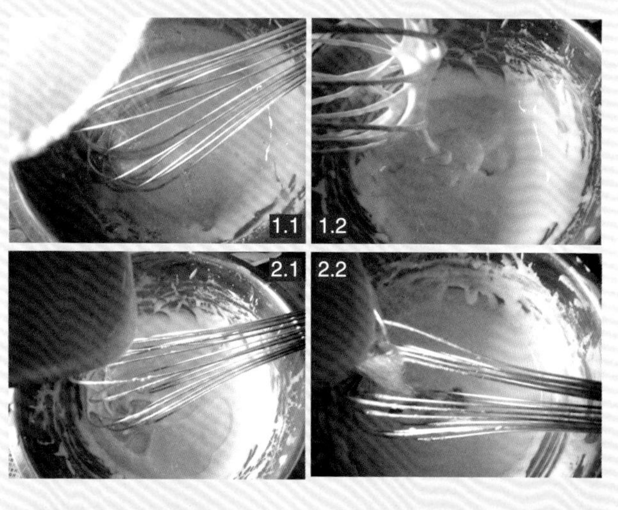
1.1 1.2 2.1 2.2

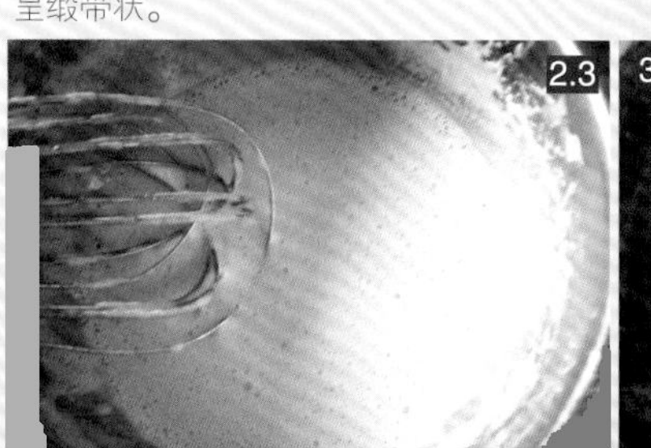
2.3

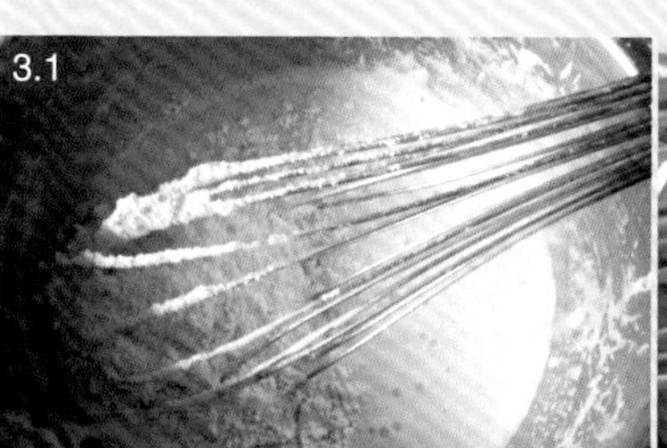
3.1

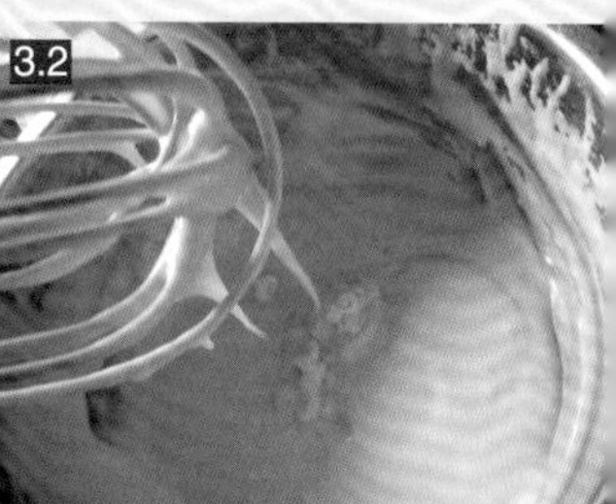
3.2

4．取出冰箱中冷却的蛋清，先用另一支手动打蛋器（必须干净，无水无油）朝一个方向打发至出现大粗泡，把B份糖的1/3倒入，打发至大泡变小时再倒入1/3的糖打发，待蛋清泡沫变细腻时把剩下的糖倒入，继续打发至蛋白如奶油般光滑细腻有明显划痕，拎起打蛋头，尖端有三角弯钩出现即可。此时盆口朝下蛋清也能稳定不流动和滴落。打发过程中最好检验两三次，以免打成硬性发泡。

5．取1/3量的打发蛋清与面糊轻拌至略匀，再加进1/3量的打发蛋白拌至略匀，最后将面糊回倒进蛋白盆，拌匀。时间要短，手要轻，可以呈数字“8”的手法混合，不能一直朝一个方向画圈，以免面糊出筋，影响蛋糕烤后的蓬松口感。

6．倒入紫藤花，略拌两三下。将拌好的蛋糕糊

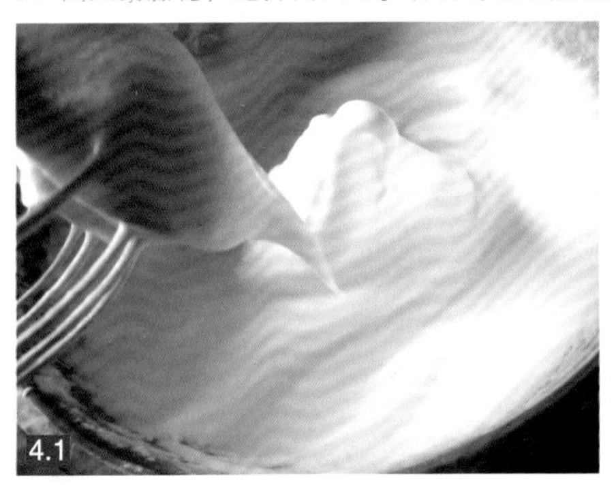

4.1

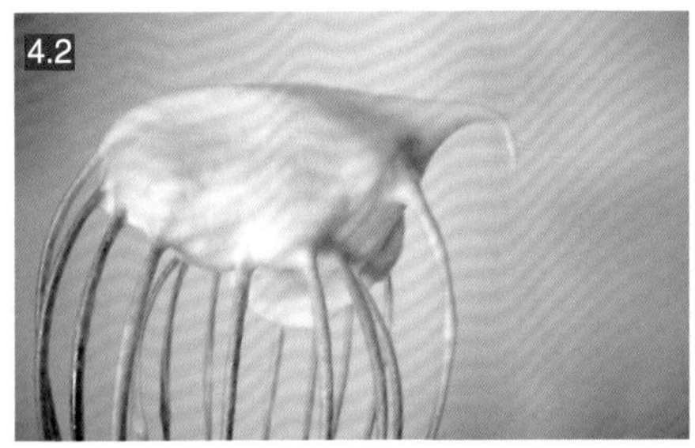

4.2

5.1

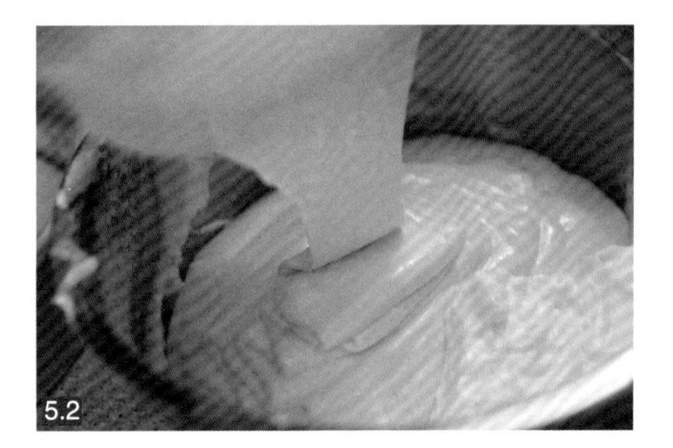

5.2

6.1

6.2

轻倒进模具里至7分满，用手按着模子柱子顶端，放在台面上轻磕几下去掉内部的大气泡。磕时不要太用力，以免活底受震动过大反而混入气泡。

7．烤箱提前15分钟170度预热，面糊倒入模具后，立即放在预热好的烤箱的中下层，同样的温度烤40分钟左右。时间到后，取长竹签飞快地插入蛋糕中间部位并取出，如果签子上没有面粒带出，就是烤好了。否则再入烤箱加烤5分钟左右。

8．将模具口朝下，倒扣在酒瓶口上，待凉透后脱模。最好倒扣一晚，第二天脱模，口感更好。倒扣凉透后最好包上塑料袋，以免脱模的蛋糕表面变干。

越做越大

草莓果酱蛋糕卷

“蛋糕卷，大又大，亚亚亚亚吃不下。小朋友，快点来，一起吃，笑哈哈。”这，是亚亚一岁半时，我教她唱的，把巧虎的儿歌改了词。那时候就在想，以后也能做大又大的蛋糕卷给我的宝贝了。

蛋糕卷和杯子蛋糕一样，属于“百变大伽”那种。蛋糕胚、内馅、抹面、装饰都可以玩出花活儿。日本很多达人对蛋糕卷研究得非常深入，小山进老师在国内就有很多拥趸。

相比这些高人，我做的只能算是家常懒人级别了。多数情况都是一款蛋糕胚打天下，卷上奶油就是奶油蛋糕卷，配上色拉酱和海苔做出海苔蛋糕卷，同样用色拉酱里外都卷上肉松更是我心仪的美味，自然更少不了各款自制果酱的参与。

“草莓果酱蛋糕卷”是亚亚最爱的口味。她是红色控，自然也是草莓控，无论什么点心，只要草莓味的都能得她欢心。春天的时候，我会时不时熬些草莓果酱备着，临时她想吃蛋糕卷了也难不倒我。

亚亚幼儿园约我给老师们教些适合小朋友参与的烘焙品种，其中我就加入了蛋糕卷。做起来也很快，老师们试吃时都很喜欢。后来她们真带着各班孩子做成功了。这件事的直接后果就是，接到更光荣的任务，要到总部给下属所有幼儿园的老师们做培训。

这只蛋糕卷真的越做越大了。

■ 原料（内径28×25公分的烤盘）▼▼

低筋面粉60克、细砂糖50克、牛奶40克、色拉油40克、玉米淀粉6克、自制草莓果酱100克、鸡蛋3枚

■ 做法 ▶▶

1．蛋糕盘内用水抹湿，铺上大小适当的烘焙纸抹平，烘焙纸铺上后各边要多出烤盘约5公分。分开蛋清和蛋黄，分放进两只无水无油的料理盆中，将牛奶和色拉油倒入蛋黄盆中。

2．将蛋黄、牛奶、色拉油用手动打蛋器混合均匀成乳化状，一次性加入提前筛过的低筋面粉。

3．用手动打蛋器将盆内材料轻快略拌均匀，注意要不朝着一个方向搅拌以免面糊出筋影响口感，可采用画8字和Z字型的手法。橡皮刮刀用抹墙的手法，将拌好的面糊抹在盆边，去掉可能存在的面粉小颗粒。

4．将玉米淀粉和细砂糖拌均匀，用电动打蛋器中速打发蛋清，其间分三次加入混合的糖和淀粉，将蛋清打至湿性发泡，即打蛋头拎起后出现长约3-4公分的弯勾。（蛋清的详细打发办法可参考本书中“紫藤花戚风蛋糕”。）

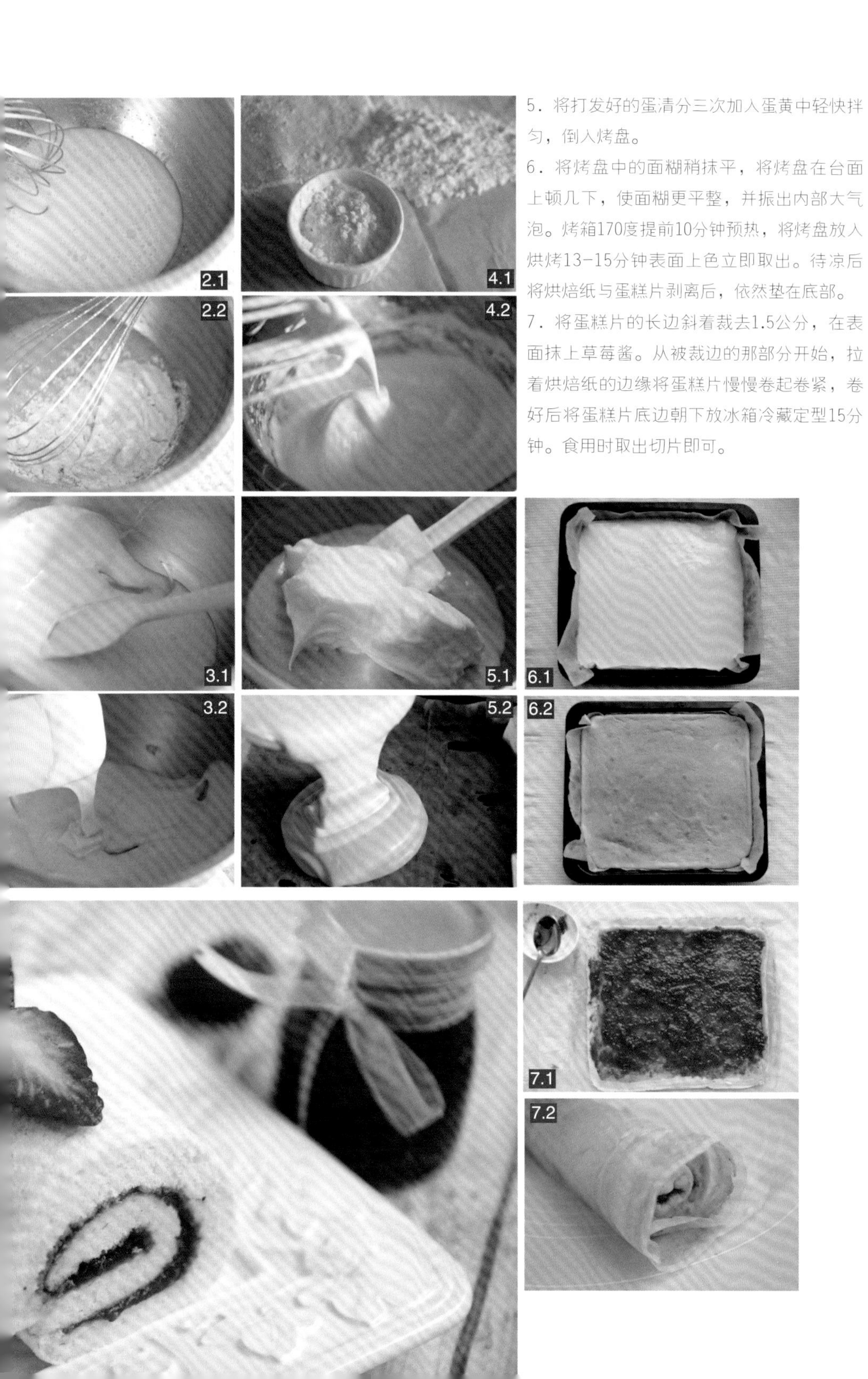

5. 将打发好的蛋清分三次加入蛋黄中轻快拌匀，倒入烤盘。

6. 将烤盘中的面糊稍抹平，将烤盘在台面上顿几下，使面糊更平整，并振出内部大气泡。烤箱170度提前10分钟预热，将烤盘放入烘烤13-15分钟表面上色立即取出。待凉后将烘焙纸与蛋糕片剥离后，依然垫在底部。

7. 将蛋糕片的长边斜着裁去1.5公分，在表面抹上草莓酱。从被裁边的那部分开始，拉着烘焙纸的边缘将蛋糕片慢慢卷起卷紧，卷好后将蛋糕片底边朝下放冰箱冷藏定型15分钟。食用时取出切片即可。

每当草莓当季时，常去大棚采摘品尝，现在大家都喜欢叫“奶油草莓”，而果农说这里面也有品种之分。我喜欢的是“红颜”，酸甜味浓，更主要的原因是切开来内部也是鲜红的，用在蛋糕上装饰效果特别好。

这款“乳酪草莓蛋糕”可算是我做过的草莓蛋糕里成本最高的。用的是杏仁海绵蛋糕坯子，杏仁份量远远高于面粉，当然香味浓郁。乳酪用的是马斯卡彭（Mascarpone Cheese），我一直觉得马斯卡彭不应该成为“提拉米苏”的专宠，它清爽顺滑又奶香丰腴的特点完全可以用在冷藏类甜点里。反正是做给自己吃，口味第一，成本不在话下。于是就有了这样的豪华配置。

都说苹果是开始人类罪恶之源的水果，我却不以为然。在我心里能担此“罪名”的，唯有草莓。回想小时候看的电影《苔丝》，所有情节一律模糊了，而“苔丝”用手挡住送到唇边的那颗殷红硕大的草莓的画面，至今让我印象深刻，忘不了她那双复杂特质的大眼睛，还有那草莓一样饱满鲜艳的嘴唇。这样的姑娘有谁能抗拒呢？接着所有的堕落与悲剧由“苔丝”吃下那颗草莓开始……

至今我都记得演员的名字——娜塔莎·金斯基，并不觉得她最美，但是她独特的气质却令当时小小的我难忘。

许多年后，市面上也有与电影中相同的草莓大量出现，初见时，它带给我的欣喜感没有别的水果可以替代，那么美，那么香，也那么容易破碎，也就玫瑰能与之相比。是的，在我心中，草莓是水果中的玫瑰，直通心灵。

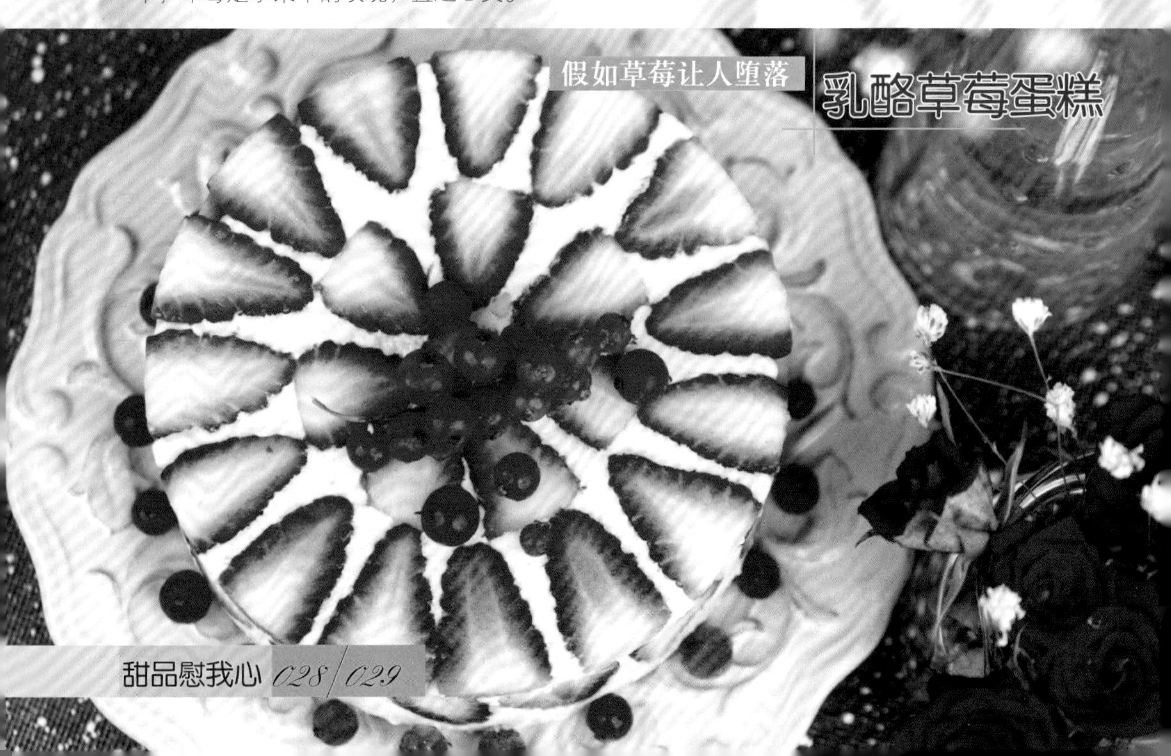

假如草莓让人堕落

乳酪草莓蛋糕

■ 原料◀◀

马斯卡彭奶酪250克、吉利丁1.5片、蛋黄3枚、糖粉60克、淡奶油100克、草莓25个、杏仁海绵蛋糕2片

■ 做法▼▼

1．慕斯圈底部用保鲜膜包上绷紧，将套了保鲜膜的那面朝下，放在平盘中。

2．草莓洗净切去蒂后对半切开，将草莓切口朝下，在慕斯圈底部及内壁码放出图案。

3．蛋黄中加入糖粉。

4．电动打蛋器中速打发至糖粉融化，蛋黄打发至浓稠发白。

5．加入马斯卡彭奶酪。

6．用手动打蛋器将蛋黄糊与奶酪混合均匀至无颗粒。

7．将淡奶油用电动打蛋器打发至浓稠，先取一半量的打发淡奶油与奶酪糊拌匀，再将剩下的打发淡奶油倒入拌至均匀。

8．吉利丁片提前20分钟用冰矿泉水泡软后，捞出沥干水分，隔60度左右热水融化成液态，再降凉至与室温相同的液态。

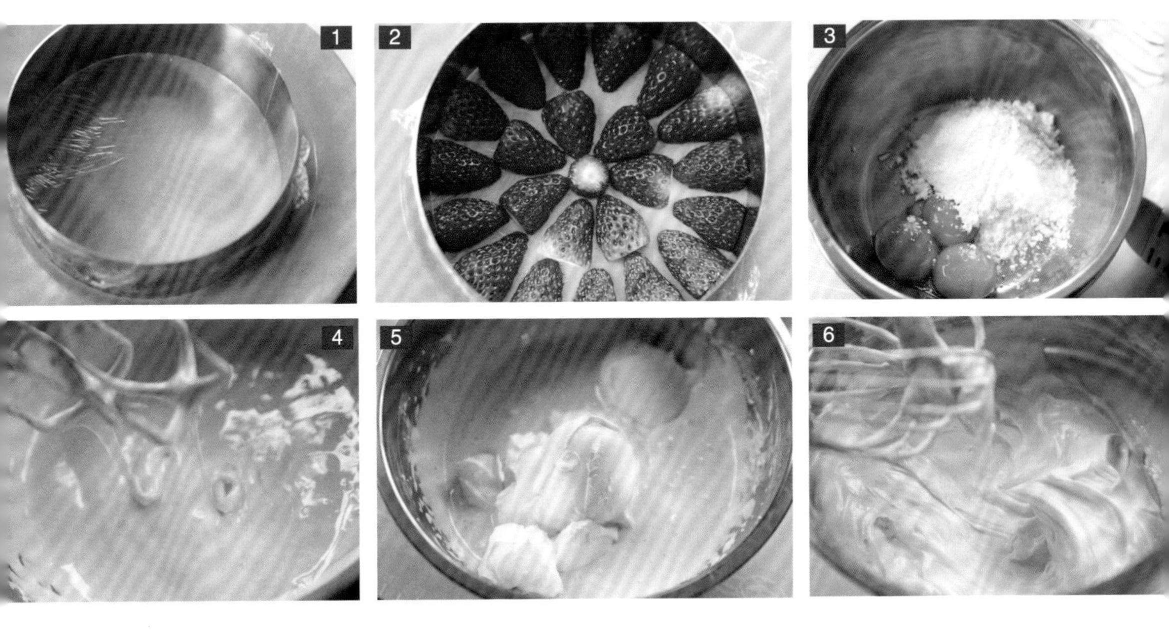

9. 取约两汤匙之前的奶酪糊倒在吉利丁液体中，快速拌匀。

10. 再取约1/4量的奶酪糊放进来接着快速拌匀。

11. 将混合了吉利丁的奶酪糊倒入奶酪盆中，快速拌匀。最后拌好的状态是浓稠但可以流动的。

12. 将奶酪糊倒入慕斯圈中约2/5处、用手托住平盘，轻轻顿几下让奶酪糊均匀分布在各草莓缝隙中。

13. 加入一片杏仁海绵蛋糕、轻轻压平，蛋糕片上再码上切成块的草莓。

14. 将剩下的奶酪糊倒入约距离慕斯圈口约1公分处。

15. 盖上另一片杏仁海绵蛋糕，轻轻压平整。放冰箱冷藏四小时，至凝固后翻面脱模即可。

做过多少只提拉米苏，已记不清了。做的每一只提拉米苏里，我都在帮它传递着一句话“带我走”。也确实是这样，这些提拉米苏都是带围边的，都是稳定性很好可以装在漂亮的蛋糕盒里拎来拎去的。

然而，在我眼里，这不是最完美的提拉米苏，最完美的提拉米苏应该有勇气摆脱对吉利丁的依赖，以最自然最慵懒的状态，装在自家的杯子里，碗里，是用勺吃而不是切成小块，是柔软到几乎成膏状，是入口即化的芝士糊，是里面那吸足了咖啡酒水的手指饼干，是半夜抵不住诱惑的大快朵颐深深沉醉，事后又深深后悔……

很长一段时间里，我做提拉米苏的时候关注是否用马斯卡彭奶酪，手指围边是否漂亮，表面撒粉是否花样别出心裁，也习惯于提拉米苏切成块呈上来。直到我遇到杯装的提拉米苏，那种口感和加了吉利丁的很不一样，很软很滑，也因为是装在杯子里，手指饼干更多汁，与芝士融合得更完整，回味更轻盈。这样的提拉米苏反而成了“不要带我走”。

这有点像感情的不同阶段，因此，我觉得从提拉米苏可以看出两人的关系：恋爱版提拉米苏、婚姻版提拉米苏。

恋爱版的提拉米苏外观精致漂亮，表面撒的糖粉图案更是花尽心思。最常见的就是把Tiramisù直接撒在表面，直白说出“带我走”。要不就是用心形图案委婉表达爱意。配方里用吉利丁或鱼胶粉辅助加固内馅，再用只是稍稍刷了咖啡酒的手指围边加以固定。

不知道恋爱中的人有没有想过，为什么大家这么喜欢提拉米苏，那是因为现在还不

与爱情无关，与爱有关

意式提拉米苏

能长久在一起，所以“带我走”的心情才特别迫切，所以才要拼命把自己最美好的一面展示给对方。所以才要事事较真。这样提着真气的生活也许会累，直到修成正果。

为什么女人都喜欢“提拉米苏”？还不是因为这款甜点背后的那句话——“带我走吧……”

“带我走吧”——多少人曾经说过呢？多少人想说却不能说呢？那些爱意、那些期待、那些无奈，无非是想在一起。

他真的能带你走么？他有勇气带你走么？你有勇气真的和他走么？世事无常，如果说了无用，不如将这句话埋在心里。而且有的话也只不过是说说而已。

这时，用心做出“恋爱版提拉米苏”给他，但愿他能懂得你的意思——如果不懂，也很正常。

来看婚姻版提拉米苏，不一定非得用马斯卡彭，这种奶酪美则美矣，只是价格不菲而且保存太短又不易买到，换成平易近人的奶油奶酪也挺香浓，还能节省开支。反正是在家里吃，找个漂亮杯子装上就行，甚至用碗都没什么不可以的。

这其间最要紧的，是可以按两人口味决定咖啡酒水的浓度，饱饱吸了汁水的手指饼会更好吃，反正不用带出门，也不用添加材料加固，入口也能更湿润顺滑，可可粉的主要作用是增味而不是装饰，所以别费心想什么图案，只管厚厚撒上让滋味更深厚吧。所有的材料和操作手段目的很单纯——为了好吃！

也正是因为这单纯的好吃，能勾着你们半夜三更再干掉半碗。这样的美好感觉只能两人在家体验。就像关起门来过日子的小两口，管我们怎么着，幸福不必说与外人知。

峰回路转，前阵子定期在意大利使馆跟着意大利妈妈级厨师们学做菜，教提拉米苏时，我发现居然没有朗姆酒，更没加入淡奶油。这完全颠覆了我之前的制作概念，原来这也是正宗意大利提拉米苏与各路演义版本的最大区别！

至此，我忍不住八卦起来，和她们聊起提拉米苏“带我走吧”那个广为流传的爱情故事。结果老妈妈们大笑着摇头，她们说根本没听说过，叫“Take me up”只是因为这款甜品所用的食材都极为优质，吃了能让人精神振奋。

“满纸荒唐言，一把辛酸泪”，打动无数人的传说变成以讹传讹的段子，“Teke me up”不是“带我走吧”，真正的提拉米苏与爱情无关，真是毁三观。

然而，真正的意式提拉米苏有着自己的坚守，除了马斯卡彭奶酪之外，必须要用现煮的Espresso，鸡蛋也必须要选用极新鲜的才能放心使用。意大利妈妈厨师絮絮地向我叮嘱着，不加酒是可以让孩子们一起享用，如果做给再小的孩子，可以用果汁代替咖啡，草莓汁、橙汁等都可以，言语间满是慈爱。

虽然，提拉米苏与爱情无关，却与爱有关，对家人的爱，对孩子的爱。

现在，你做的提拉米苏，是哪个版本？

■ 原料（2人份）

马斯卡彭奶酪200克、鸡蛋2只、细砂糖30克、现煮咖啡100克、手指饼干10根、香草油2滴、盐微量装饰材料：可可粉、糖粉

■ 做法

1．取两只无水无油的料理盆，分离出蛋黄和蛋清备用。蛋清中加入微量盐，用电动打蛋器打发至硬性发泡，即打蛋头前端出现短小三角。

2．蛋黄中加入糖，用电动打蛋器搅打至糖融化，蛋黄变成浓稠的浅黄色。

3．加入马斯卡彭奶酪拌匀后，分次加入打发蛋清拌匀。

4．将手指饼干快速的在咖啡中两面蘸湿后捞出，码在长方容器中，铺上一层奶酪糊抹平。

5．再码上一层蘸了咖啡的手指饼干，接着再铺一层奶酪糊抹平。这样再重复一次后，将表面略抹平整，放冰箱冷藏两小时使其更为浓稠凝固。临吃前撒上可可粉和糖粉即可。

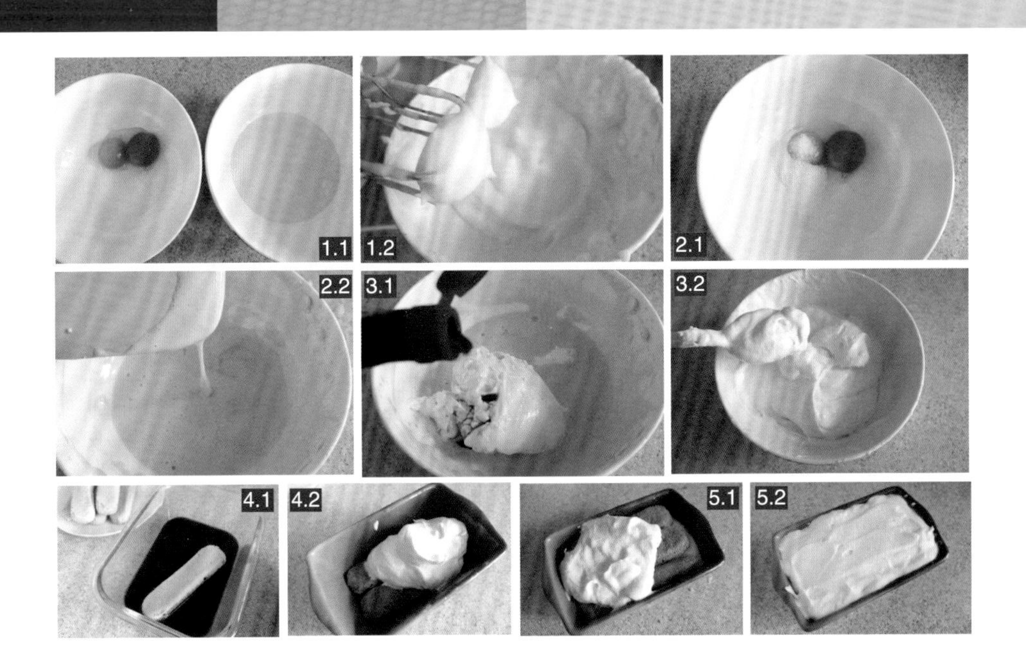

暖春、周末、艳阳天，多么好的派对时光！年少时曾经有一阵乐此不疲，成天想着如何打扮得衣不惊人死不休，也有过通宵跳舞的经历，那是多少年前了？可能很多人都有过这种回忆吧？

渐渐地，长大了，成家了，有了孩子，现在的兴趣点是如何做出让家人满意的美食，如何把家里弄得尽可能地舒舒服服，如何让小亚亚健康成长……派对，已很遥远。

闲时给草莓化个妆，让它们穿上美丽的衣服，珠光宝气，来一场草莓的周末派对吧，多好玩。

华丽派对 巧克力礼服草莓

原料

白巧克力80克、黑巧克力50克、草莓、食用银糖珠、彩糖粒、草莓糖粉

做法

1. 黑、白巧克力分别隔热水融化成液态。
2. 将白巧克力分出30克，拌入草莓糖粉调成粉红色。
3. 将草莓粘上一层白巧克力，待凝固后再粘上黑巧克力做出礼服的领子。
4. 将剩余黑巧克力液倒入裱花袋里，前端剪出极小的口，在巧克力草莓上挤出领结、纽扣。糖珠等装饰材料趁巧克力还未凝固时粘上即可。

蔻蔻心得

1. 装融化巧克力的容器最好是小而深的，这样粘起来比较方便，而且也不浪费。

2. 操作过程中要注意时间的把握，巧克力很容易凝固，要在这之前做完所有装饰。

3. 所有的装饰材料必须是可食用的，不要为了追求效果而使用非食用色素。

4. 草莓要保留1/4的本来面目。

5. 放盒子密封冷藏保存的时限为一天，别舍不得吃。

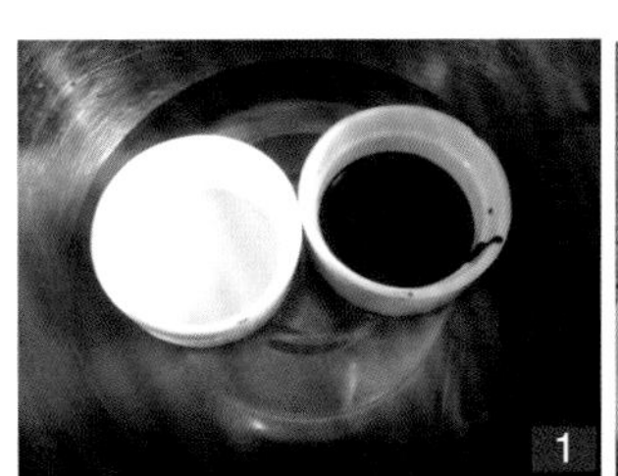

1

2

3

4

成品1

成品2

成品3

享乐要趁早

草莓苏芙厘

喜宝做了“香橙苏芙厘”给那个德国男人，结果被包养她的情人勖存姿设计枪杀了他。喜宝问勖为什么要这做？她甚至没有与这个德国男人有过亲昵关系。

“因为你做苏芙厘给他吃，说明你已经不自觉地爱上了他”。这是勖存姿绝妙的回答。

——喜欢亦舒，熟悉《喜宝》的人，一定对这段印象深刻。

如果你没有喜欢上一个人，你断不会费力去为他做这款点心。因为苏芙厘（Soufflé）必须出炉后立即撒上糖粉趁热吃，凉了以后升起的诱人蛋糕体将会塌陷，美味也会在转瞬间失去。不是朝夕相伴的人无缘享受到。

Soufflé出现在17世纪晚期，由法国人创制，属于蛋奶酥类的点心。主料是蛋白和糖，面粉量极少，所以才会分外脆弱。可算高档餐厅里的经典甜点，客人需等待最少半小时，现烤上桌。

我不是经常做，因为对时间的要求太高，别的点心可以提前做好，随时可以拿出来吃，苏芙厘却如傲慢的女郎，你要耐心等待她的出现，趁升起的华丽盖子在短短几分钟内还未降下，立即享受。轻盈的丝质口感包裹着甜蜜的空气，在嘴里弥漫开来。软玉温香，是对苏芙厘最恰当的比喻。

一切都要抓紧，时间、爱情、美味、享受……

■ 原料（内径7cm，高4cm小苏芙厘杯5只量）▶▼

草莓100克、细砂糖40克、君度酒（或朗姆酒）1汤匙、蛋清3个、低筋面粉10克、芝士粉10克、糖粉适量（表面撒粉）、抹烤杯内壁黄油及砂糖适量

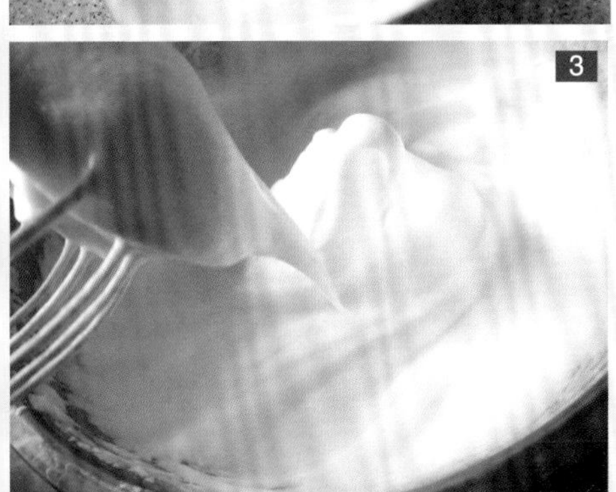

■ 做法◀◀

1. 烤杯内壁用黄油擦一遍，并均匀撒上细砂糖（配方以外的量）。

2. 草莓用擦子擦成蓉（也可以用叉子碾碎），加入低筋面粉、芝士粉、君度酒，拌匀。

3. 电动打蛋器中速打出发蛋清，打出粗泡后，分三次加入糖，换高速，至打蛋头顶端出现短短的小三角蛋白糊即可。

4. 取出1/2的打发蛋清与草莓糊轻轻拌匀，再将剩下的打发蛋清加进拌匀。

5. 将混合物分装进烤杯中，用勺将表面抹平整。将烤杯放进烤箱中层，180度烤15-20分钟，看到杯内面糊升起，表面呈金黄色取出。立刻在苏芙厘表面撒上糖粉，趁热食用。

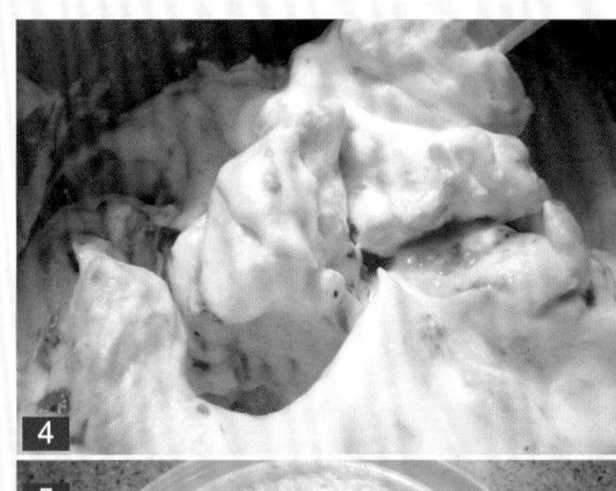

经典泰式甜点

香兰西米糕

就像“八宝饭”与上海饭馆、PIZZA与意大利餐馆、咖喱与印度餐馆，“椰汁西米糕”算是泰餐中标志性的甜点之一了。基本上所有的泰餐馆都会提供，而且造型也出奇的一致：香兰叶叠成小碗裹着凉爽的西米糕，绿白相间，清新雅致。

在泰国时，还吃到过“芒果饭”，用椰浆和椰糖调味的糯米饭配着大块的芒果，黄白相间，是另一种享受，回来后在家也尝试做过。

刚吃香兰西米糕时，以为外面裹的是粽叶，还奇怪这粽叶有种特别的香气。后来才知道，用的是香兰叶，是东南亚甜点中常用到的香料。因为它有一种十分独特的天然芳香味，能让食物增添清新、香甜的味道。香兰叶榨出碧绿的汁液，也被当作天然食用色素用在其他甜品里。

为了让香兰叶的香味更渗入到西米糕里，我在煮椰浆的时候，把叶子也剪碎一起煮出香味，果然比在馆子里吃到的更浓更香。

虽然是这么有名的泰式甜点，可是做起来却相当简单，除了煮西米时间费个十几分钟，剩下的两分钟就能搞定。用提前做好的“椰汁西米糕”待客，小清新一回。

原料

香兰叶6片、小西米20克、甜玉米粒10克、椰浆小半碗、糖2汤匙、淀粉1汤匙

蔻蔻心得

1．香兰叶叠出的小碗非常小，基本属于一口一个。每根香兰叶一般只能做成一只小碗。强力建议先用纸片儿练习一下准确叠法再实战，否则一条香兰叶就报废啦！

2．可用香兰叶的边角料用来煮米饭，也很香！

3．如果买不到香兰叶，可改用漂亮的高脚杯或其他容器。

做法

1．挑香兰叶最宽的部分剪出15cm的长度，以每相隔3cm的等距离剪4个小口，每个小口剪至叶子宽度的1/3处。将剪好的香兰叶围叠成四方形，剪开的1/3叶子朝下互压着叠在一起，就成为容器的封闭底部。叶子侧面的交接处用牙签固定好。如果底部有空隙，可以另剪一小片与底部相同大小的香兰叶填在上面即可。

2．锅内倒入西米，加冷水约西米的3倍左右，小火煮至西米快透明时，加入甜玉米粒，煮两分钟。将西米和玉米粒捞出，过一遍冷开水，控干后，加入2/3的糖调味备用。

3．椰汁倒入锅中，加入剪碎的香兰叶、剩下的糖、淀粉，微火边煮边搅动，煮至椰汁变浓稠即关火，挑出香兰叶不用。先将西米和玉米倒在香兰叶容器里一半的位置，再倒入煮稠的椰将至满。放冰箱冷藏半小时左右凝固即可。

换种方式偏爱

提拉米苏冰激凌

“提拉米苏”，提起这个名字就够让人百转千回，就因为那句“带我走吧……”如果没有甜点背后的美丽传说，我们还能这么偏爱它么？已经记不起帮朋友做了多少个“提拉米苏”了，对方如果选不定要什么品种的蛋糕，就会说“那就提拉米苏好了”。

善变，同样的情感不愿意用相同的方式去表达。那么，换一种方式去偏爱吧，做一款“提拉米苏冰激凌”，颠覆传统的外观与口感，但是“咖啡、酒、马斯卡彭”这些让人回味无穷的基调不变。

正如你熟悉的那个人，看似什么都变了，其实内心却还是你的……

■ 原料

细砂糖100克、水300克、咖啡粉30克、手指饼干150克（约20根左右）、淡奶油250克、马斯卡彭奶酪200克、朗姆酒100克

■ 做法

1. 咖啡粉放在茶包中，与水、糖一起放入奶锅中煮15分钟。关火过滤掉咖啡渣待凉。
2. 取一长条蛋糕模或容器，四周垫上油纸，底部铺上手指饼干，刷两遍朗姆酒。
3. 电动打蛋器中速打发淡奶油至变稠，出现明显花纹，加入马斯卡彭奶酪混合均匀。
4. 奶酪糊里倒入放凉的咖啡糖液，将5根手指饼干捏成碎块，一起拌匀。
5. 将奶酪糊倒一半在模具中，铺一层手指饼干并刷两遍酒，再把剩下的奶酪糊倒进去。抹平表面，并用油纸封上。冷冻四小时以上。
6. 吃的时候把冰淇淋从模具中取出，撕去油纸，切成片，表面按个人喜好撒上可可粉即可。剩余的冰淇淋蛋糕放在密封的保鲜盒中冷冻保存可达两周。

草莓冰激凌

草莓、香草、巧克力、咖啡，这四种口味的冰淇淋一直是所有品牌冰淇淋专卖店永远的头牌。无论去到哪个店，冰柜里卖得最快的一定是它们。这四种口味也被称为“母冰”，可以作为基底变幻出无数的新品种来。

一般我在外面挑选冰激凌的时候，最先排除的是“草莓冰淇淋”，准确地说是看起来“特别粉红的草莓冰淇淋”。通过自己很多次的制作发现，用新鲜草莓做出的冰淇淋不可能呈献出那样诱人的粉红色，加入再红再熟透的草莓顶多会让你的冰淇淋呈现出好看的“浅肉粉色”。基于此，我极少在外面买“草莓口味”的甜点，总感觉那是一种调出来的仿真味道，与真正的草莓清香还是有差别的。

每当草莓大量上市，正是做出酸甜可人的草莓冰淇淋的妙季。需要的材料比起蛋糕来更简单成功率更高。我做好以后密封分装在小杯里，盖上盖子。想吃的时候随时拿出一杯，比外卖的纯正太多。

这款冰激凌直接加入鲜草莓果蓉，还有一种是先做好蛋奶糊，等冻成半凝固状后再加入自制草莓果酱，也很好吃。不管怎么样，草莓冰激凌总是永不落伍的口味，自己动手做出真正的“草莓冰淇淋”是件快乐的事情。

■ 原料◀◀

草莓300克、全脂牛奶300克、大蛋黄4个、细砂糖150克、淡奶油150克

■ 做法▼▼

1. 淡奶油与牛奶放进小奶锅里，用微火加热至边缘冒小泡即将沸腾，关火放置一边。

2. 细砂糖倒入蛋黄中，用电动打蛋器（手动打蛋器也可）低速混合搅拌至蛋黄液呈乳白色。

3. 将热的奶液缓慢冲入蛋黄里，边倒边搅拌散热，以免把蛋黄烫熟出蛋花。

4. 将冲好牛奶蛋液倒入料理盆，放入较大的热水锅中隔水加热并不停搅拌，直至牛奶蛋液变略浓稠，奶液表面出现细微划痕，或是感到能粘在勺子上即可关火，不可煮开。

5. 取出料理盆，加上盖子或保鲜膜晾凉。

6. 草莓洗净控干，去蒂切成小块，放在搅拌机里榨成草莓蓉，倒入凉透的牛奶蛋黄糊里拌匀。

7. 倒入容器中，放冰箱冷冻一个半小时以后取出，用打动打蛋器低速将略冻好的冰淇淋打松，再放进冰箱冷冻。以后每隔两小时重复一次打松。三次以后，放进密封的容器即可。

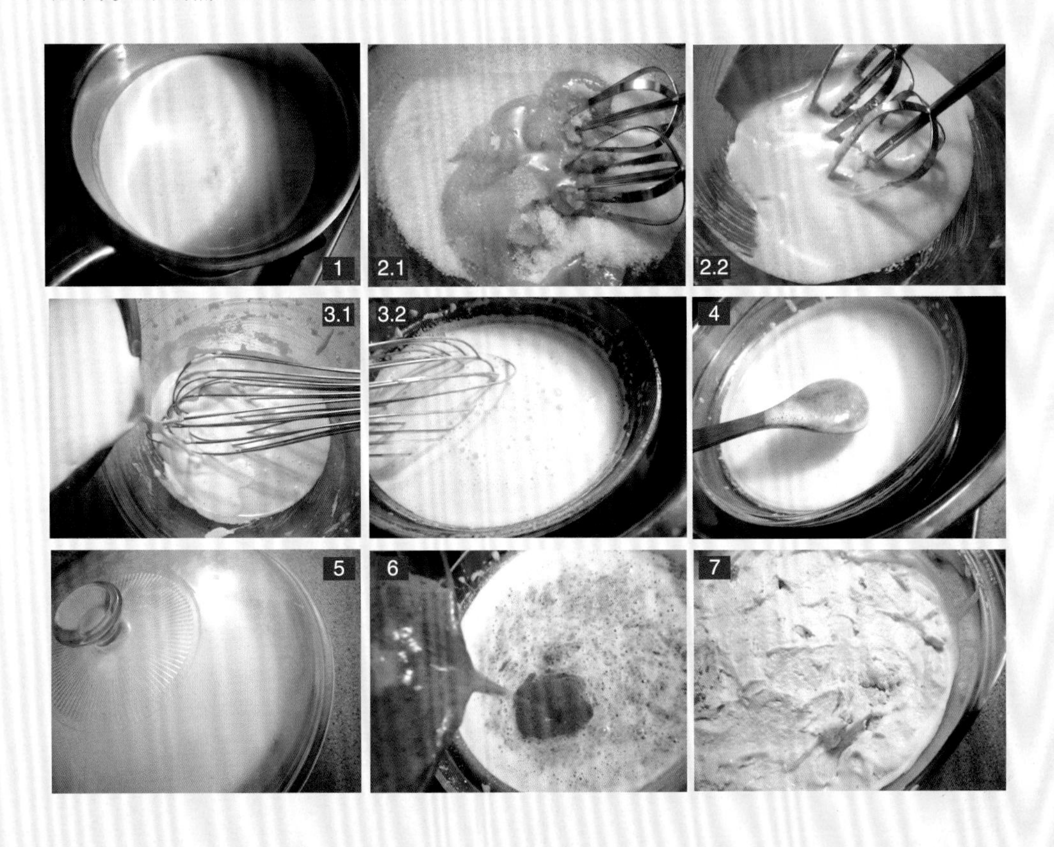

本意善良

番茄蛋糕

番茄的好处多多，生吃熟吃我都喜欢。这次的“番茄戚风”我个人很喜欢，加入了经过浓缩的番茄酱，因此番茄红素的含量更高。颜色与香味都特别，松松软软的，又不是太甜，满含丰富的营养价值，吃的时候心情分外愉快，好像每一口都能让自己更健康更漂亮。

本意这么善良的蛋糕，谁会拒绝呢?

营养依据:

番茄中最精彩的成分莫过于番茄红素，它以强大抗氧化功效和预防癌症功能而著称，能清除自由基，保护细胞。红色番茄也含有一部分胡萝卜素，对眼睛和皮肤均有好处。多吃番茄具有抗衰老作用，能使皮肤保持白皙。

■ 原料（8寸心型活底模）►►

鸡蛋4枚、细砂糖80克、盐1/4小勺、色拉油50克、番茄原汁80克、番茄酱50克、低筋面粉120克、泡打粉5克、柠檬汁2克

■ 做法▼▼

1．蛋清和蛋黄分离后，各放进两个无水无油的小盆，糖分成各40克备用（即蛋黄中用到40克，蛋清中用到40克）。

2．打发蛋清：先用电动打蛋器中速打出粗泡沫，再倒入柠檬汁、盐、40克之1/3量的糖，高速打发至无糖颗粒，再将40克里剩下的量分两次放入接着打发。看到蛋清膨胀5倍以上，变得雪白并出现明显花纹，打蛋头尖端出现变弯钩的短三角即可。

（以上两步操作可参见本书“莓瑰榛子奶油蛋糕”。）

3．蛋黄中加入40克的糖、盐，用电动打蛋器中速打至糖融化，蛋液发白，加入色拉油、番茄汁、番茄酱混合均匀。加入事先混合均匀并筛过的低筋面粉、泡打粉，轻轻拌匀。

4．取1/3打发好的蛋清，与面糊轻轻拌匀，再分两次以同样手法将全部蛋清与面糊拌匀。

5．烤箱提前5分钟180度预热，将面糊轻轻倒入活底蛋糕模中至八分满，将模具磕几下排出空气（如有多余的面糊可装在烘焙小纸杯中）。将模具放在烤箱中层，170度烤30分钟左右后，用长竹签扎在中心，抽出后如果签子上没有面糊带出，即烤好了。立即取出将模具倒扣在烤架上，等凉透后脱模，撒上糖粉即可。

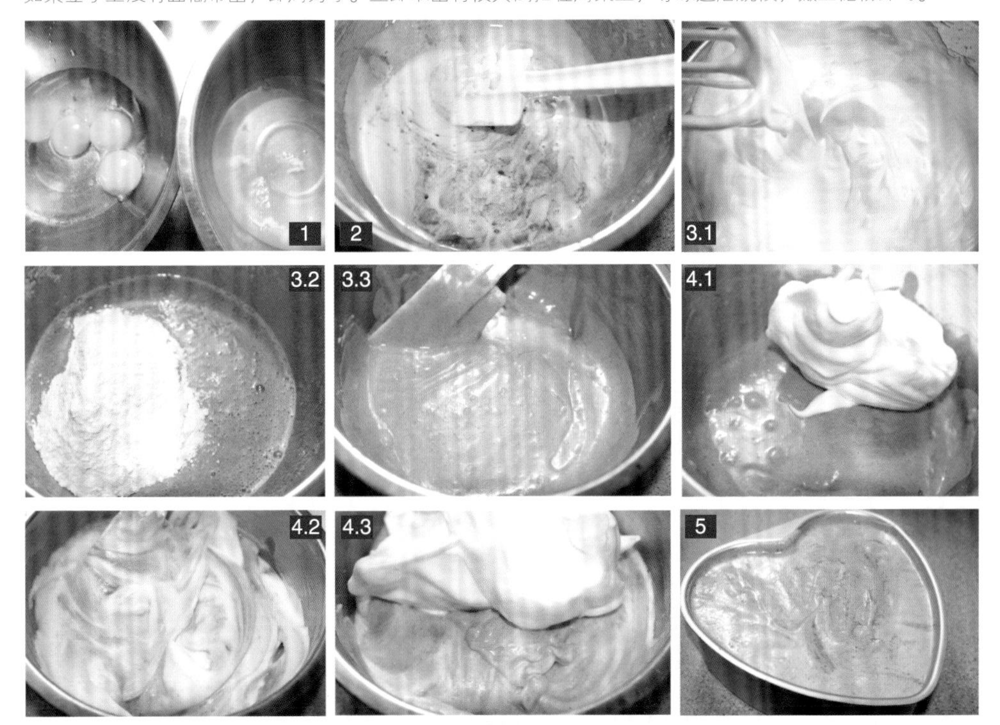

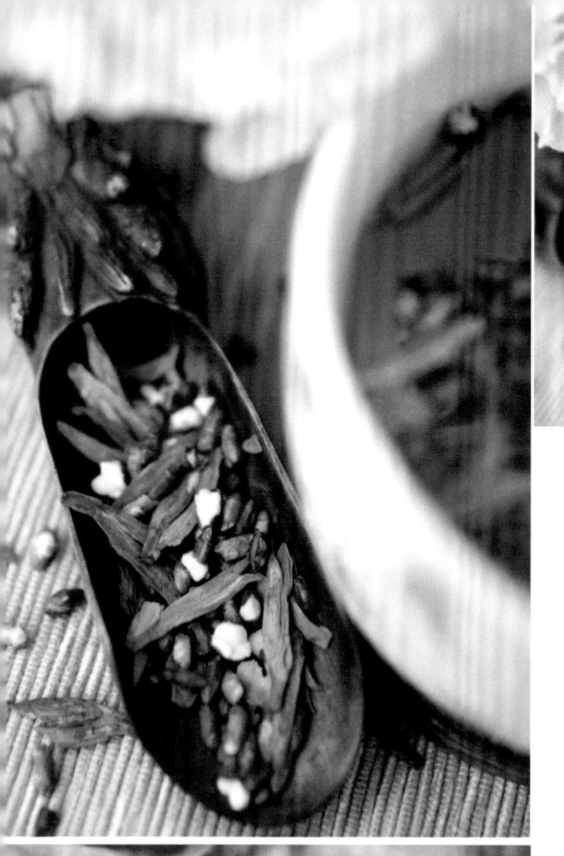

自制减肥茶最安全 玄米茶

基本上从初春开始就进入了减肥旺季，减多减少是能力问题，想不想减是觉悟问题。大家纷纷出来表态，要“丢”的东西里，头一个就是肉。嗯，还好不是“人”。

往年我对待减肥这个问题比谁都来劲，最热火朝天的时候，饿得走到街上看不到别的，只有满大街的饭馆招牌。学了营养以后才体会到，安全的减肥方式是合理饮食加合理运动。不过别管当初怎么折腾，我有一点很明白，绝不能吃减肥药或是喝所谓的减肥茶。所以闹“曲美”风波的时候，我很踏实。

自己做这个“玄米茶”很有点儿误打误撞。早年间姐们儿从日本回来给我带的那堆手信里，就有包“玄米茶”，我纳闷，她是个只重打扮不重吃喝的人啊，怎么还给我来包茶？仔细看了看包装上的成分表，就是玄米和绿茶。不管，拆开来泡上。哟！真是香！既有炒米的焦香，又有绿茶的幽香，好喝！后来我在日资超市里看到有卖的了，不便宜呢。

我特地郑重向她表示感谢，每次让您这么破费真不好意思。下回还得带哈。她这才告诉我，“玄米茶”如今在日韩火得不行，是大热的美容减肥饮料。这就对了！只要是美容减肥的新事物东从来都和我姐们儿沾边儿。

其实“玄米”就是糙米，去壳后仍保留些许外层组织，如皮层、糊粉层和胚芽。上述的外层组织内含丰富的营养，比起精白米更富有维他命、矿物质与膳食纤维，所以糙米向来被视为是一种健康食品。糙米与精白米相比，维生素B1、维生素E含量在5倍以上，食物纤维含量在6倍以上，富含钾、钙、镁、铁、锌等微量元素。糙米中大量的食物纤维100％可以帮助节食，消食。由于糙米中富含维他命E和胶原蛋白，能使肌肤更富弹性。

绿茶因为含有丰富的单宁，具有抗氧化的作用，其中的咖啡碱、肌醇、叶酸、泛酸和芳香类物质等多种化合物，能调节脂肪代谢，对蛋白质和脂肪具有很好的分解作用，茶多酚和维生素C能降低胆固醇和血脂。

养胃利肠的糙米和减肥美容的绿茶相结合，就是健康安全的“玄米茶”。做起来超级简单。一张图就能说明白。我现在喝的就是自己做的“玄米茶”，又便宜又安全。

现在这世道，据说连面条都能点得着，还有什么不敢掺假，还是自己动手来得踏实。减肥很重要，安全更重要。嗯，你懂的。

原料

真空包装的免洗糙米、上好绿茶（比例1：1）

做法

将糙米用小火慢慢炒至微微发黄，个别炒出白色米花，并散发出炒米香味后盛出，待彻底凉透后，与绿茶混合。装在密封容器里。吃时像泡茶一样，用80度开水冲泡即可。

蔻蔻心得

1．锅要洗净，不能有油星，最好用木铲来炒。

2．糙米炒的时候要有耐心，火候不到米香味出不来，炒得过火米粒会发焦苦，茶汤颜色和味道都打折扣。

“茶巾包”是我曾在节目做过的，造型很质朴，做起来却又极简单。

“茶巾包”是日本茶道中在喝抹茶之前吃的一种点心，这类点心是用擦拭茶碗的茶巾拧出来的，因此而得名。现在我们用保鲜膜也能做出同样美丽的花纹来。

设计我的紫色甜品系列时，就打算要做款“紫薯茶巾包”。只是光用紫薯泥略显单调，我又不愿意往里面加进草莓，怕让人误会成“草莓大福”，且不容易保存。

乳酪片是首先入选的，基于乳酪浓厚的奶香，需要再找一种食材来调和，要能保存两天风味还不变的。用新鲜水果显然不合适，我相中了西梅。西梅的柔软度与紫薯和乳酪差不多，还能中和乳酪的厚重，而且西梅的酸甜与乳酪微微的咸味能让这款“紫薯茶巾包”整体风格更清爽宜人。

曾从三亚带回来当地紫薯的品种，非常非常的紫，紫得发蓝，很甜。用完以后，在家附近的菜市场买到的紫薯颜色要偏艳红一些，甜度略淡。在制作的时候我刻意没有往紫薯泥里加糖，觉得西梅本身的甜度就够了。做起来很容易，无非是包一包拧一拧，切出来内部的层次还挺丰富的。

来尝尝这款日式视觉系点心“乳酪紫薯茶巾包”，与大部分茶品都很相配，好一段悠闲的下午茶时光……

乳酪紫薯茶巾包

■ 原料 ▶ ▶

熟紫薯、乳酪片、西梅、保鲜膜

■ 做法 ▼ ▼

1．紫薯蒸熟后，去皮，放在保鲜袋里用擀面杖碾成紫薯泥备用。每只西梅（去核）用一片乳酪捏成球备用。

2．取约30克左右的紫薯泥搓成球，中间按出坑，包进西梅乳酪球。用保鲜膜包住，并将膜收口处用力转圈拧，轻轻解开保鲜膜，即有自然的花纹出现。

1.1

1.2

2.1

2.2

时间的滋味 苹果醋

“买椟还珠”的事发生在像我这样的吃货身上一点儿也不稀奇。这两只瓶子就是某店家外售的茶饮容器，买回来把瓶内的饮料先饮掉，就是想尽快腾出瓶子来。手头也有糯米白醋，用来酿苹果醋一定赏心悦目，是极好的。

往年初夏时候我做的是杨梅酒，一层杨梅一层冰糖码在瓶子里，再倒入高度白酒，放阴凉地酿制两三个月以上就能喝了。其实苹果醋的做法与之相同，只是用白醋代替了白酒。最好用纯糯米酿的白醋，这样口味和营养才能最好。

泡苹果醋所用的苹果要用清脆味浓的品种，红富士这种水分大的并不适合。如果买不到姬娜这类，国光也是不错的选择。加几片柠檬片能防止苹果片氧化，保持漂亮的颜色。

无论是酿水果酒还是水果醋，都需要有耐心。一般用糯米醋酿制苹果醋，密封后放在阴凉地方静置三五个月，待瓶中的醋变成琥珀色即可。再考究些的，在密封两三个月时，要打开一次再续入糯米醋，封口后继续酿造六个月，这个味道更浓郁。

酸甜可口的苹果醋的食用方法很多，加冰块直接饮用就不错。若加入水果片、薄荷和冰水，再用蜂蜜调甜，看着就漂亮。用苹果醋和橄榄油、海盐、意式香草调成的苹果油醋汁，拌在色拉里，带着清爽的苹果香。

泡好苹果醋后，忍不住拍了张照片发到微博上显摆，结果朋友们纷纷要求上方子，如果等七八月以后泡出琥珀色再发，估计大家伙儿早没耐心了。索性现在分享配方和做法，反正密封后只要静候成品就行。这就是时间的滋味。

苹果醋富含天冬氨酸、丝氨酸、色氨酸等人体所需的氨基酸成分，以及磷、铁、锌等10多种矿物质，其中VC含量更是苹果10倍之多。苹果醋含有果胶、维他命、矿物质及酵素，其酸性成分能疏通软化血管，杀灭病菌，增强人体的免疫和抗病毒能力，改善消化系统，清洗消化道，有助排除关节、血管及内脏器官的毒素，调节内分泌，具有明显降低血脂和排毒保健功能。

醋里的大量维生素抗氧化剂能促进新陈代谢，美白杀菌、淡化黑色素、迅速消除老化角质、补充肌肤养分及水分，活血化疼、缩小粗糙毛孔，抗氧化，防止色斑，可令皮肤更加光滑细腻，发质柔顺。苹果醋不仅有护肤瘦身的作用，还能解酒保肝防醉，酒前可以抑制酒精的吸收，酒后可以解酒防醉。

■ 原料

苹果、冰糖（用量不超过苹果的一半）、酿造白醋、柠檬

■ 做法

1. 苹果洗净，去果核后带皮切成薄片，柠檬切片。
2. 无水无油干净瓶中放入适量水果片，撒入一层冰糖。
3. 一层水果一层冰糖直至装满瓶子。
4. 倒入白醋至满。密封后放阴凉处保存三个月以上。

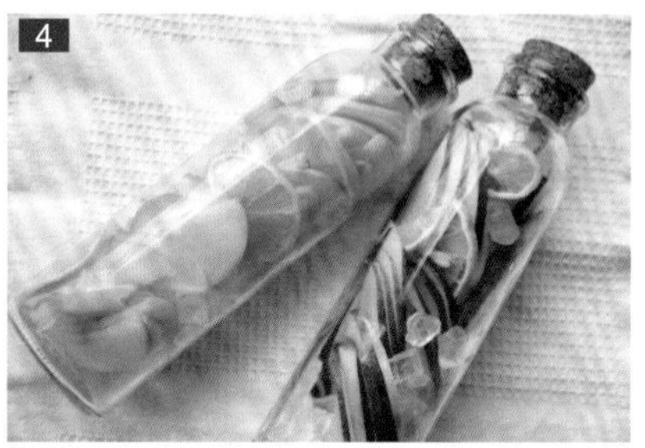

像模像样的新手

花生酱冰激凌

一般来讲，有奶油（cream）和牛奶参与的冰品才能算“冰激凌”，用果汁做出来的大都归到冰棒类。做冰棒超简单，无非是各种果汁或红豆汤绿豆汤什么的加点糖，注入冰棒模子里冻成型就好了，吃起来清清爽爽。冰激凌就要复杂些，要煮蛋奶液还要打发奶油，如果没有冰激凌机，中途需要多次取出打松再冻。自然，冰激凌的香浓顺滑也足够诱惑我们去这么大费周折。

图省事，琢磨了这个只需用三种手法就能做出喷喷香、顺顺滑、郁郁浓，又微微有点咸的冰激凌。这三种手法只不过是“煮”、“搅”、“刮”。原材也够简约，加上糖才四种。工具也少，小奶锅、勺子、叉子、保鲜盒而已。

花生具有很高的营养价值，内含丰富的脂肪和蛋白质，并含有硫胺素、核黄素、尼克酸等多种维生素。矿物质含量也很丰富，特别是含有人体必需的氨基酸，有促进脑细胞发育、增强记忆的功能。这款冰激凌就是用深受小朋友喜爱的花生酱而成。

冰激凌的浓郁程度取决于花生酱的比重。完全可以按个人喜好进行调整，我用有颗粒的花生酱增加咀嚼感，喜欢顺滑感的改成无颗粒的。后期加入巧克力饼干碎也不错，总之发挥空间很大。如果有新手想试着做像模像样的冰激凌，大力推荐从这个开始第一步。

原料

淡奶油200克、牛奶150克、糖50克、花生酱100克

做法

1. 把淡奶油、牛奶倒入厚底小奶锅中，加入糖。
2. 煮至刚刚沸腾后关火。
3. 把煮好的奶油分次一点点加入花生酱中，每次都混合均匀后再加入，这样花生酱不会有结块。
4. 把花生牛奶糊放进保鲜盒冷冻左右至半凝固（约需两小时左右），用叉子把冰激凌刮松散，再冷冻至完全凝固即可。

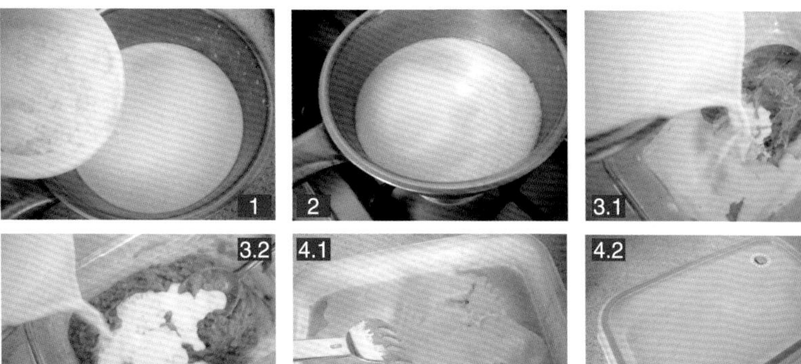

记得是从初一开始看《红楼梦》的，有次拿着书回家被同楼的阿姨看到，大惊小怪地告诉我爸妈："你们怎么让她这么早看《红楼梦》啊！不好的！"爸爸妈妈好像也没怎么太管我，接着看。

大人往往喜欢把事情想复杂。我那时候看红楼，主要是奔着书里对吃的描写去的。各式各样的吃食闻所未闻见所未见，在很长一段时间里，对书里儿女情长诗词歌赋匆匆翻过，直接找吃的，百看不厌，可也只有看的份儿，光是名字就能让我浮想联翩……

如今大了，再研究这些红楼美

林妹妹的安神汤

鹌鹑蛋炖桂圆

食，发现大部分还是很具养生食疗效果的，就挑书里喜欢的一样样做起来。不想照搬，只当把这当作灵感来源，加点自己的新东西，就当是我这煮妇的另类红楼研究心得吧。

《红楼梦》里有几处宝玉做噩梦惊醒、黛玉病得人事不省的情节，都曾喝过桂圆汤，而且收效显著。这是因为桂圆有非常好的补心益智、养心安神功效。桂圆肉在润气补气之中，又有补血之功，不但能补脾固气，且能保血不耗，具有甘而兼润的作用。桂圆含丰富的葡萄糖、蔗糖及蛋白质等，含铁量也较高，可在提高热能、补充营养的同时，促进血红蛋白再生以补血。桂圆肉除对全身有补益作用外，对脑细胞特别有益，能增强记忆，消除疲劳。桂圆的糖分含量很高，且含有能被人体直接吸收的葡萄糖，体弱贫血、年老体衰、久病体虚，经常吃些桂圆很有补益。新妈妈产后，桂圆也是重要的调补食品。桂圆肉的养血之力比红枣更强，用桂圆加鸡蛋一起炖，对补养气血大有好处。

先生前一阵子感觉睡眠质量不好，我就从《红楼梦》里学来做桂圆汤给他吃，添补了鹌鹑蛋、无花果干，和桂圆肉一起炖。

鹌鹑蛋也有补益气血、强身健脑的功效，同时对神经衰弱、失眠多梦有很好的改善作用。另外，鹌鹑相比鸡蛋，它的胆固醇含量要低很多，也更容易入味，卖相更小巧精致。

桂圆虽好，只是稍有热性，如遇口干舌燥或是发烧的情况，不能吃，所以黛玉喝的桂圆汤和宝玉喝的又有不同，她喝的是梨汁桂圆汤，用凉性梨汁去中和桂圆的热性同时能止咳。我给改成同样带有清热润肺作用的无花果干，无花果和桂圆肉能让汤不放糖喝起来都带有轻轻的甜味。

做个好梦吧。

■ 原料

桂圆肉8粒、鹌鹑蛋2枚、无花果干2粒、枸杞8粒、片糖1小块

■ 做法

将桂圆肉、无花果干、枸杞、片糖放入炖盅里，倒入温水约8分满，打入生的鹌鹑蛋，将汤盅上蒸锅，水开后，蒸30分钟即可。

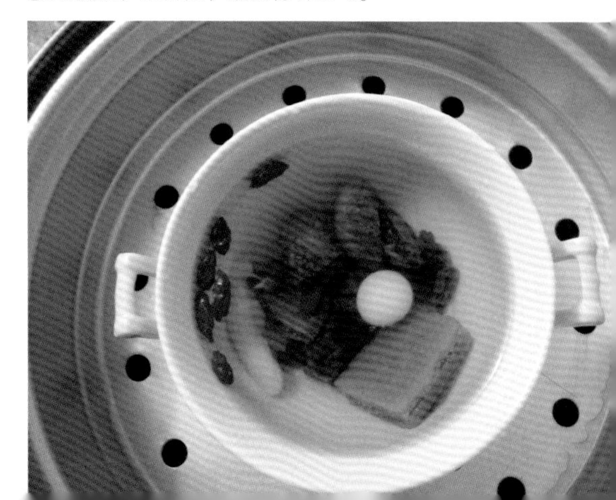

天实在是太热，如果不在空调房待着，基本是一身一身的汗，晚上也睡不好，虽说有减肥的可能，但这样子对身体也没什么好处。在夏天又不能吃过补的东西，怕上火。于是想到了将白果与红枣组合，白果可以润肺降燥美白，红枣是当仁不让的补血佳品，红白相间，真是珠联璧合的一对儿。

内外皆美

杨梅酒

“色、香、味、意、形、养”俱全的酒，在我看来，除了夜光杯里的塞外葡萄酒，当属江南盛夏美酒——杨梅酒。

杨梅酒色艳如玛瑙、果香浓郁、酸甜适口、美丽的果实粒粒可见，最有价值的更是“养”这一项。杨梅本身就有生津止渴、健脾开胃的功效，多吃点也不会伤到脾胃，而且还能解毒祛寒。在这样盛夏闷热的天气里，喝上一口用杨梅泡出来的酒，顿时会觉得气舒神爽，消暑解腻。尤其是夏天饮食不当拉肚子的时候，喝杨梅酒就能有效止泄，有良好的收敛作用。杨梅酒还有消食、除湿、解暑、生津止咳、助消化、御寒、止泻、利尿等功效呢。

相当会做饭的姑父告诉我，泡好的杨梅酒能保存一两年，到最后酒已变淡，杨梅反倒会醉人。我没机会证实这一说法，因为泡好的杨梅酒总是等不到半年就被喝光或是当礼物送出去了。

这样内外皆美的好酒，在江南是家家主妇都能做的，只不过用冰糖、高度白酒浸泡半个月以上，就能乐陶陶享用了。如同江南的平民美女，温婉亲和，可望可及。

记得有次出差上海，当天来回，时间这么紧，回京时还带着满满一篮当日才从浙江湖州摘下的杨梅。真是新鲜，拎上飞机，同机乘客笑说，这杨梅真好，好香！第二天一早，我把大部分杨梅都泡了酒。每天忍不住取出瓶子来欣赏，一天比一天殷红，如同酝酿着美丽的小愿望。

照片里是泡了18天的杨梅酒，颜色已然这样美丽，喝一口香气袭人。想想往后的日子，会更美，会更香。在我心里，真正美丽的酒就是手里这杯——杨梅酒。

■ 原料 ▲ ▲

杨梅、二锅头酒、冰糖（配比按个人口味调整）

蔻蔻心得

1．泡杨梅要用45度以上的清香型高度白酒，这样才能使杨梅的香味不受干扰。

2．杨梅酒也可以不加糖泡，喝完后，还可以接着用白酒续上保存。

3．因为是用白酒泡的，所以最好不要加冰块饮用。“洋酒加冰”的喝法不适用中国酒，“白酒兑水”可一直是中国自古重点打假对象，武松和鲁智深都为此发过火，后果很严重，哈哈。

■ 做法 ▶ ▶

1．将杨梅倒入凉开水中，加入一小撮盐，轻轻搅化后，浸泡5分钟。再另用凉开水冲净，并控净水分晾干。

2．事先准备好消毒过的无菌、无油的广口瓶子，交错放进杨梅和冰糖。

3．倒入二锅头酒，至浸没杨梅。

4．用保鲜膜盖在瓶口，再加上瓶盖。将密封好的杨梅酒放在阴凉处保存。

5．半个月以后，酒色变红，即可开封享用。

1

2 3 4 5

预热儿童节

棒棒糖蛋糕

我低估了棒棒糖的魅力，这是自己有了孩子以后才认识到的。

我们小区里有个与亚亚差不多大的小男生，脾气非常之好，小朋友拿他的任何东西都行，只有一样：棒棒糖，绝对拿不走，绝对不分享。

亚亚人生的第一支棒棒糖也与这个小朋友有关，亚亚怎么都抢不下来，两人闹得不可开交，外公只好给她买了一支。她眉开眼笑，边吃边连说了十几句“真好吃啊”，从此踏上甜蜜之旅，我之前对她说的“棒棒糖是拿来玩的”之类的忠告随风而去。

其实在亚亚真正吃棒棒糖之前，她已经对这一糖果有了浓厚的兴趣。时不时跟我说：“妈妈，棒棒糖是玩的，不是吃

的。”我大声回答：“对！亚亚真聪明！”亚亚以前看到螺旋状的图案就说是“棒棒糖”。

也有人将这一童年的爱好维护到成年，要不怎么现在会兴出“棒棒糖蛋糕”这个新品种呢，而且还能作为最潮的婚礼蛋糕出现。这倒也给了我灵感。看起来挺简单的样子，干脆自己做多好，又好玩又省钱。

我把自己家烤好的蛋糕凉透了，处理成蛋糕末，再加点淡奶油就能很容易地搓成小球，加淡奶油可以让口味更香浓，若图省事，也可以用牛奶代替。为了让口感上有些变化，我加了些蔓越莓碎，大家也可以换成自己喜欢的其他干果。如果不会烤蛋糕，那没关系，去超市买盒玛芬蛋糕或蜂蜜蛋糕回来再弄成蛋糕末也没问题，条条大路通罗马。

我在表面裹的巧克力里稍加了点淡奶油，这样软滑的巧克力涂层吃起来与内部的松软比较协调，只是用糖纸包装在上面会弄坏巧克力层。如果想当成礼物送人，那还是裹上脆皮巧克力吧，凉皮不受包装的影响。

原料

蛋糕末200克、淡奶油30克、巧克力100克、蔓越莓干40克、各种装饰糖珠适量、小棒适量

做法

1．将20克淡奶油加入蛋糕末中。

2．用手揉成不会散开的面团。

3．蔓越莓提前半小时用水泡软（也可用朗姆酒泡），控干水分后，切成小粒，加入至蛋糕面团中揉均匀。

4．将面团分成每只25克，搓成一口大小的球形，插入小棒，放冰箱冷冻20分钟至略硬。

5．巧克力里加入10克淡奶油。

6．隔热水融化后，用小勺将巧克力和淡奶油轻轻拌匀，注意幅度不要过大，以免混入过多空气造成内部有太多气泡。

7．将棒棒糖蛋糕在巧克力糊中滚动，使其表面蘸满巧克力。趁巧克力未凝固时，将彩色糖珠撒在棒棒糖表面做装饰即可。可将刚做好的棒棒糖蛋糕扎在泡沫塑料上固定待干。

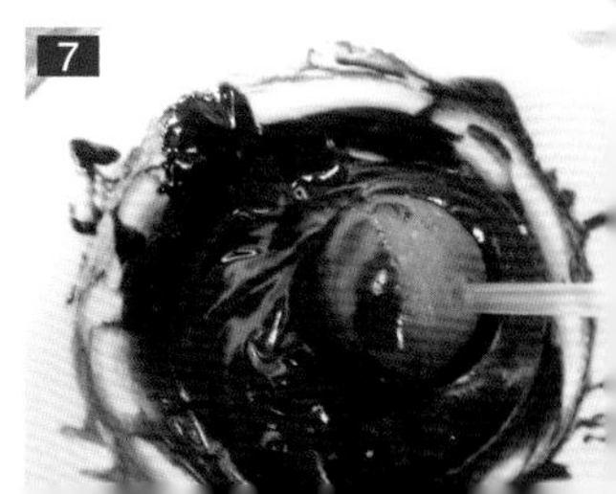

淋上糖浆更美味

粗麦柠檬蛋糕

要说给谁做生日蛋糕最让我挠头，非我亲妈莫属。妈妈也就愿意喝点儿酸奶，除此以外牛奶、黄油、淡奶油、奶酪概不入口，只要放一点儿立马就能尝出来。可做西点要绕开这些原料还真挺难。虽然老妈一再说别费事儿了，但我做女儿的放着手艺不先服务家里人，这哪说得过去。

有困难要上，没有困难创造困难也要上！

还好，英国皇室曾经的御用大厨加里罗德有款“粗面粉柠檬蛋糕”可以帮到我。这款蛋糕的特别之处就是——让低筋面粉和高筋面粉全挨家歇着，统统下岗。他用的是一种叫semolina的硬质粗粒小麦，这是用杜伦小麦（durum wheat）磨制的面粉，

其蛋白质含量极高，可达到13%，但是筋性并不强，主要用来制作手工意大利面。国外也有烘焙师剑走偏锋，拿来做小众甜点和面包。

加里罗德这款用粗麦粉做出来的蛋糕里还混入了杏仁粉，点睛之笔是饱浸了自制的柠檬糖浆。与市售的那种稠稠的甜度很高的瓶装糖浆截然不同，这种用鲜果汁略经熬煮的糖浆，状态和果汁差不多，只是在味道上较纯果汁要浓一点，泡过的蛋糕吃在嘴里酸甜多汁，柠檬水果香和杏仁的坚果香和谐交融。因为用粗麦粉为主料，蛋糕并不会变得软塌塌，依然很有质感。而且这款蛋糕用的是色拉油，装饰上也用不着奶油，分外清爽适口，正合妈妈口味。

蛋糕的配方我又做了修改，把抹蛋糕模的黄油换成了色拉油，加进了些蔓越莓让颜色和口味更丰富些。糖浆制作方面，用一只橙子代替了原配方里的一只柠檬的量，因为觉得单纯用柠檬会太酸，加入橙子，糖浆的颜色更好看，酸度更柔和了。

原配方使用的是派盘，我给改成了天使蛋糕模，这样是为了便于出模后的装饰。给长辈做生日蛋糕不能走清淡路线，还好现在草莓和蓝莓都应季，红艳艳摆上看着才喜庆。

如果也有像我妈妈这样对奶制品不喜欢的朋友，就试试这款低脂又富含维生素的柠檬蛋糕吧。买不到Semolina，用磨得最细的玉米粉代替（不是玉米淀粉）就好了。若实在懒得自己做柠檬糖浆，买盒纯果汁回来加点糖开盖煮10分钟左右也行。

不过，还是用自己做的水果糖浆，才能泡出味道超赞的蛋糕啊。

■ 原料（6寸天使蛋糕模）◀◀

粗粒小麦粉（semolina）150克、杏仁粉100克、泡打粉1/4茶匙、鸡蛋4枚、柠檬2只、细砂糖70克、蔓越莓50克、牛奶100毫升、色拉油50毫升

■ 做法▶▶

1．柠檬皮擦成丝放入碗中，加进糖、色拉油搅拌均匀后，加入打散的蛋液搅拌至糖融化。

2．加入牛奶混合均匀后，倒入粗麦粉、杏仁粉、泡打粉拌匀。

3．蛋糕模内壁用色拉油抹匀，撒上一层粗麦粉备用。将蔓越莓表面薄薄粘上一点粗麦粉（皆为配方以外份量），撒1/3在蛋糕模底部。

4．将剩余的蔓越莓与面糊略拌匀，并倒入蛋糕模中，轻磕去内部气泡。

5．烤箱提前10分钟160度预热后，将蛋糕模放在中层，烤30-35分钟后取出倒扣备用。

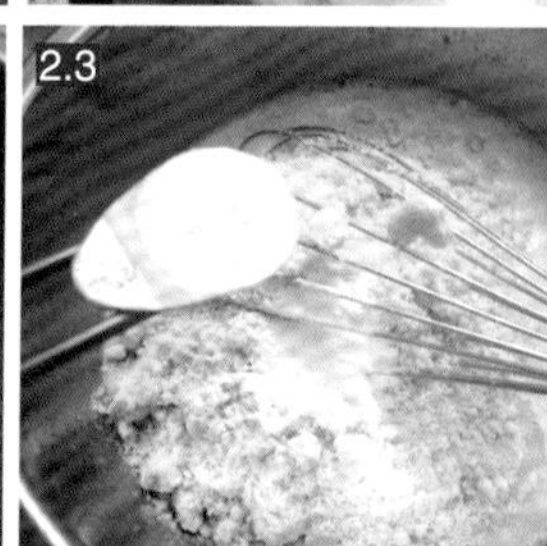
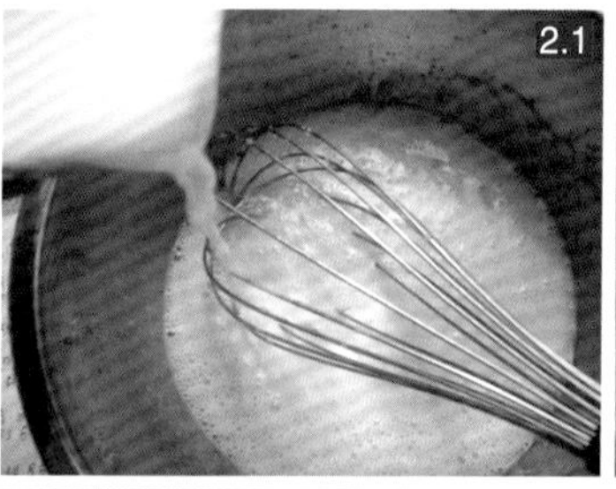
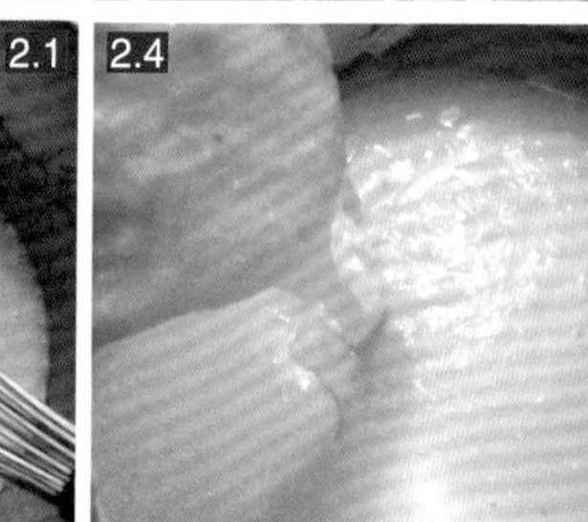

利用烤蛋糕的时间，制作柠檬糖浆

原料

水200毫升、糖100克、柠檬2只、橙子1只

做法

1. 将柠檬汁挤出后，加入水和糖，用小火煮10分钟左右。期间将橙子皮擦成丝，并挤出橙汁倒入锅中里接着煮两分钟。关火后过滤出柠檬糖浆。（柠檬汁极酸，不要过于减少糖的用量）。

2. 把不是太烫手的蛋糕脱模后再放回模具中。用长竹签在热的蛋糕中多扎些孔，将糖浆淋在蛋糕上并使之渗透进内部。尽量多淋几次，使蛋糕渍在糖浆里慢慢吸收。剩余的糖浆可密封后放冰箱冷藏保存，吃时再淋在切块的蛋糕上。

做得像妈妈一样

莓瑰榛子奶油蛋糕

记得在给满半岁的亚亚设计蛋糕时，想来想去还是觉得奶油蛋糕最有气氛。不希望是个普通的奶油蛋糕，无论蛋糕坯还是表面奶油都希望能特别一些。于是，就有了这款“莓瑰榛子奶油蛋糕”。我没有打错字，是“莓瑰”，新鲜草莓与干玫瑰花，无论在蛋糕内部和外观处处可见。草莓的营养价值不必多言，玫瑰更是具有活血养颜的美容功效。

先从蛋糕坯说起，在原味奶油蛋糕的基础上，我加进了喷香的榛子粉、干玫瑰花瓣，烤的时候就满室异香，切开来也能看到玫瑰的红色细碎，妈妈非常非常喜欢这款蛋糕，连整形时切下来的边角料都吃得干干净净，也许榛子粉讨了她的欢心？难得对西点不感冒的她能这样中意，也算是我的意外之喜。

装饰及馅料用的全是淡奶油，尽管裱起花来有一定难度，可比起植脂的裱花奶油，淡奶油的口感更顺滑，奶香更纯正，最重要的是不含反式脂肪酸，因此也更营养健康。既然是做给宝贝女儿，那我希望整个蛋糕风格是柔美娇艳的，于是打奶油的时候加进了草莓糖粉调成淡淡的粉红色。

美丽美味的草莓正在季，正好为我所用。夹馅、装饰都是不二之选。再用几粒干玫瑰花在表面点一下题，糖银珠代表她在我们心中像珍珠般珍贵。

小亚亚很喜欢这款“莓瑰榛子奶油蛋糕”，看到的时候双手挥舞着，笑脸盈盈，我们要端走她还不乐意。哈！我的宝贝也知道这是妈妈花了心思做出来的啊！

这次的制作流程我尽量写得更为详细些，希望亚亚大了以后如果对烘焙有兴趣，妈妈的这些文字能够帮她顺利做出相同的蛋糕来。

■ 原料（8寸活底圆模）

低筋面粉90克、榛子粉50克、蛋5枚、细砂糖90克、牛奶95克、色拉油95克、盐1/8小勺、干玫瑰花30克

■ 做法

1. 15克干玫瑰花倒入牛奶中，小火煮至刚刚沸腾立即关火，盖上盖焖半小时，使玫瑰味道渗透进牛奶。剩下的15克干玫瑰花将花瓣搓进小碗里，用擀面杖前端碾成碎末备用。

2. 打发蛋清：将蛋清与蛋黄分开，分别放在两只无水无油的料理盆中，将细砂糖分成60克与30克两份。电动打蛋器中速将蛋清打出大泡后，将盐、60克糖约1/3的量倒入蛋液中，打蛋器调高速打发至大泡消失时再倒入1/3的糖打发，待蛋白泡沫变细腻时将60克糖里剩下的糖全部倒入，继续高速打发至蛋白如奶油般光滑细腻有明显划痕，拎起打蛋头尖端有长弯钩出现即可。此时将叉子叉在打发好的蛋白里并不会倒，也可将盆口朝下，打发的蛋清也能稳定不流动或滴落，将打好的蛋清用保鲜膜蒙上放冰箱冷藏备用（备用时间控制在15分钟以内，时间过长会产生消泡，造成打好的蛋清体积变小，影响烤后蛋糕成品体积及口感）。

3. 打发蛋黄：30克的糖倒进蛋黄里，打蛋器低速打发至糖融化，蛋黄糊发白并体积膨胀两倍以上。分别倒入色拉油、牛奶，低速混合均匀，注意不要产生过多大泡沫。

1.1

1.2

2.1

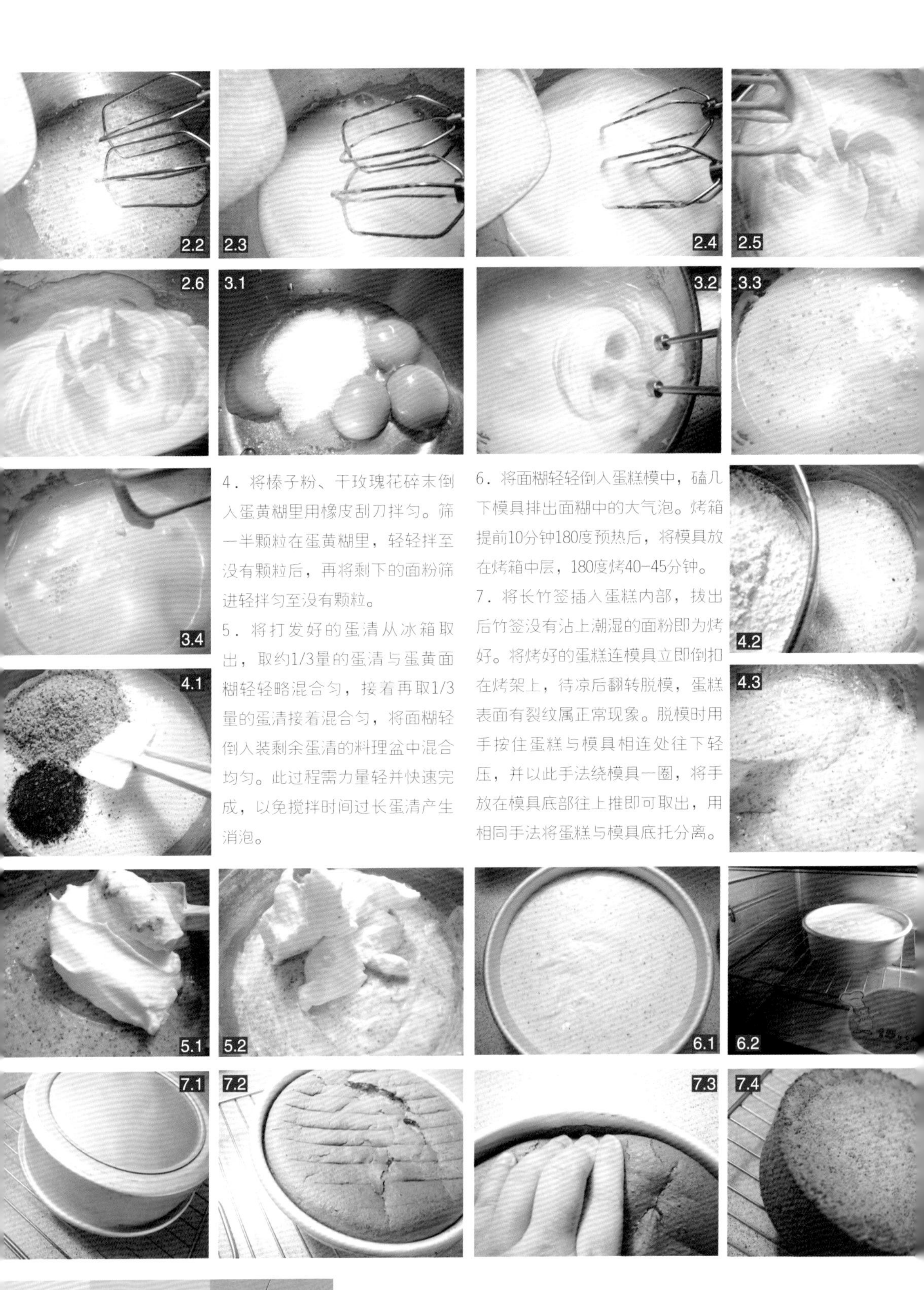

4．将榛子粉、干玫瑰花碎末倒入蛋黄糊里用橡皮刮刀拌匀。筛一半颗粒在蛋黄糊里，轻轻拌至没有颗粒后，再将剩下的面粉筛进轻拌匀至没有颗粒。

5．将打发好的蛋清从冰箱取出，取约1/3量的蛋清与蛋黄面糊轻轻略混合匀，接着再取1/3量的蛋清接着混合匀，将面糊倒入装剩余蛋清的料理盆中混合均匀。此过程需力量轻并快速完成，以免搅拌时间过长蛋清产生消泡。

6．将面糊轻轻倒入蛋糕模中，磕几下模具排出面糊中的大气泡。烤箱提前10分钟180度预热后，将模具放在烤箱中层，180度烤40-45分钟。

7．将长竹签插入蛋糕内部，拔出后竹签没有沾上潮湿的面粉即为烤好。将烤好的蛋糕连模具立即倒扣在烤架上，待凉后翻转脱模，蛋糕表面有裂纹属正常现象。脱模时用手按住蛋糕与模具相连处往下轻压，并以此手法绕模具一圈，将手放在模具底部往上推即可取出，用相同手法将蛋糕与模具底托分离。

蔻蔻心得

1．原味蛋糕的配方如下，操作时只需去掉加榛子粉和玫瑰花的过程，其他不变：

低筋面粉125克、蛋5枚、细砂糖90克、牛奶95克（6个15ml的量勺量）、色拉油90克、盐1/8小勺。

2．蛋直接从冷藏室取出后即刻打发分离出的蛋白，与放至室温后再打发后相比，打发时间可能要微长几分钟，但是打发后的稳定性要更高，更不容易消泡。先打蛋白后放冰箱冷藏，可以免去再洗一次打蛋头的程序，直接能打蛋黄，更省事。但是打蛋黄及调面糊的时间要控制在15分钟左右，否则时间过长打发蛋白也会消泡。

3．将面粉分两次筛进蛋黄糊混合，能避免面糊里出现细小的面粉颗粒，不要朝一个方向划圈混合，以免面粉出现面筋影响蛋糕的松软度。

蛋糕装饰原料

淡奶油250克、细砂糖15克、草莓糖粉30克、新鲜草莓、干玫瑰花、大号糖银珠适量

做法

1．淡奶油从冰箱冷藏室中取出，倒入草莓糖粉、细砂糖，用电动打蛋器中速打发约10分钟左右，至淡奶油从液态变为色拉酱般半固体有明显划痕，打蛋头拎起后尖端出现短小三角，即为打发完成。

2．用微波炉的转盘作为裱花盘，将烤好的蛋糕表面裂纹部分切去，使蛋糕表面更平整。将蛋糕拦腰再切为两片备用。

3．中号圆形花嘴装进塑料裱花袋里，将裱花袋前端剪至露出裱花嘴1/3处，装进半袋打发奶油。将奶油挤在一片蛋糕上，铺上洗净切成小块的草莓。再对齐铺上另一片蛋糕，转圈轻压以使两片蛋糕与内馅更密实无缝隙。在蛋糕表面再挤一圈奶油，用裱花刀抹平。将蛋糕体边也均匀抹上奶油。取另一张塑料裱花袋装上小号菊花花嘴及奶油，在蛋糕表面及周边挤出花型，按自己喜好摆上草莓、干玫瑰花、糖银珠。

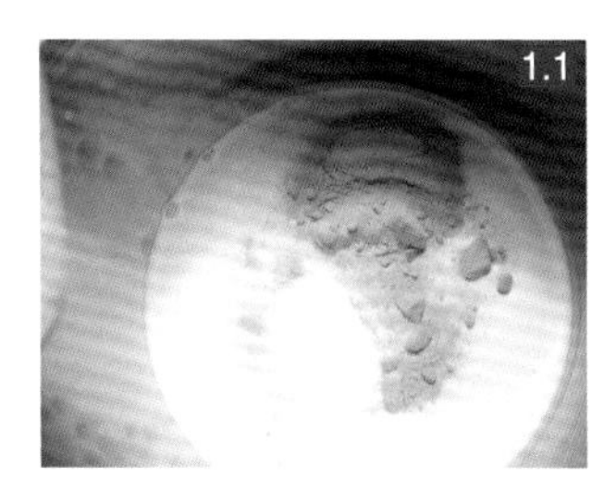
1.1

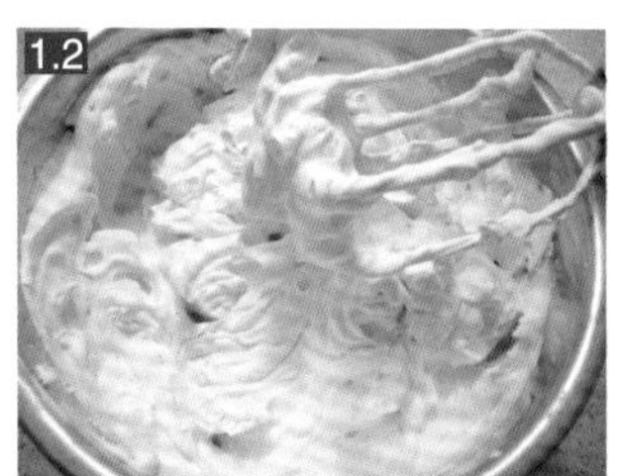
1.2

2.1

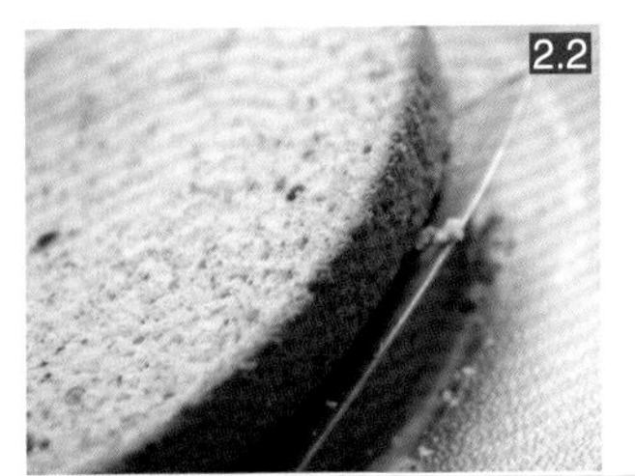

蔻蔻心得

1．淡奶油从冷藏室取出后要立即进行打发，春夏季节气温偏高时料理盆底部要隔冰水（或提前将料理盆放冰箱冷冻半小时以上），低温才能保证打发效果。淡奶油本身无甜味，加进的糖量一般不低于10%。

淡奶油打发时间要比植脂奶油长，为了防止打蛋头搅拌时间过长产生热度造成奶油的油水分离，中间可停机一两次再打，每次停机时间为半分钟左右。

2．作馅的奶油不用打发过硬，可打至色拉酱状态并夹完馅以后，再将剩下的奶油打发几分钟加硬，这样裱出来的花型更饱满。

3．裱花之前可先用牙签等作好花型分布的记号，裱花时手的温度不要太热，握裱花袋时间也不要太长，以免淡奶油受热后融化影响花型。中间可停下来用冷水冲一下手降温后再操作。

樱桃红了
樱桃派

先生某晚赴饭局，下午特地开车回家绕了一趟，说有樱桃给我。下楼取货时，只见他呈策马扬鞭式在等着我，手里拿着一支挂满了串串紫色樱桃的大树枝！原来白天他去郊区附近谈事，路边有很多的樱桃园，果农卖给他的居然是挂满樱桃的枝子，才20元！摘下来的果子最少也得一斤多！

周末被这枝樱桃吸引着，带着父母和亚亚，全家去那位果农家采摘樱桃。看到成片成片结在树上红艳艳的樱桃真是兴奋。二话不说，摘起来。很佩服自己，还能做到先拍照后品尝，美食摄影爱好者的素质啊。

满载而归的路上，先生一个劲儿地建议用樱桃做个点心，就有了这款“樱桃派”。相比传统的混酥派皮做法，这款比较有意思，是用保鲜盒子摇出来的，所有派皮材料备齐以后，半分钟就能摇好。

在国外曾看到有卖樱桃去核器的，小贵没舍得下手。后来灵机一动，其实哪用这么矫情，我现在用一根奶茶吸管就能搞定。不花钱也办了事，还一物多用，低碳又环保，这才是本煮妇追求的风格，独家原创秘诀。

馅料是布丁液加樱桃，烤后的成品我很喜欢，卖相很丰盛。馅料中淡奶油的份量是牛奶的一倍，奶味更浓郁，樱桃的酸甜多汁与柔懒的布丁搭配非常协调，散发着朗姆淡淡的酒香，派皮的酥松与内馅的软懒并存。

配方和操作手法不变，用应季的水果还可以变身成杏子派、桑葚派、橘子派、香蕉派、菠萝派、苹果派……好玩又好吃，试试吧。

原料（6寸）

派皮材料：低筋面粉150克、黄油75克、细砂糖25克、盐1克、牛奶22克、蛋黄1枚、蓝莓干15克（可省略）

馅料材料：淡奶油100克、牛奶60克、细砂糖25克、香草棒1只、蛋黄4枚、朗姆酒5克、樱桃200克（去核后）

派皮做法

1．面粉、糖、盐提前混合过筛两遍，放在保鲜盒中。黄油隔热水化成液态待凉。牛奶与蛋黄混合打匀备用。

2．将保鲜盒里的面粉中间挖个小坑，倒入牛奶蛋液、液态黄油，将保鲜盒盖子盖紧。

3．双手握住保鲜盖上下左右大力摇晃半分钟，使盖内材料充分混合成面团。用橡皮刮刀将盒内面团拢在一起，若角落处有未混合匀的白色面粉颗粒，用刮刀仔细拌匀。将面团略揉成团压扁，依旧放在盒子里密封好，放冰箱冷藏半小时至硬。

■ 馅料做法

1. 牛奶、淡奶油、糖倒入厚底奶锅，再加入剖开的香草棒，小火加热至刚刚沸腾，关火降温至不是特别烫手后，将香草棒取出。将朗姆酒与蛋黄打匀成蛋黄液备用。

2. 将奶液冲进蛋液中，边冲边搅拌均匀后，用茶筛将牛奶蛋液过滤。

3. 樱桃洗净擦干，用吸管从樱桃顶端插进，直至从另一端通出，即可轻松取出樱桃核。

■ 组合

1. 将派皮面团从冰箱取出，擀成厚约2毫米的面皮，铺在派盘里，并整理帖服。

2. 用小刀将多余面皮切除。撒上蓝莓干并轻压进派皮里。用叉子在派皮上扎出几排小孔。

3. 牛奶蛋液倒入派皮约2/3处，撒上去核的樱桃。烤箱提前10分钟170度预热后，将派盘进入，同样温度度烘烤45分钟。

玩转派皮很重要

菠萝紫薯派

经常看原版或引进版烘焙书的朋友一定留意到了，在制作混酥面团(也就是不分层的派皮、挞皮)时，越来越多的是利用食物料理机来操作，手在前期过程中基本是接触不到原料的，只有在揉后和最后整形才会用到手。这其实是非常有道理的。

“做派皮的禁忌是加水太多和揉面太用力。和了水的面团越揉越有弹性，因为面粉里出了筋，面皮就会太硬不酥脆。另外，原材料的温度是派皮成功的另一大关键：面筋遇高温即茁壮，遇低温即松弛。所以做派皮举凡面粉、黄油、水、揉面的平台和擀面棍等等，都是越冰越好。手容易发热的人建议最好先抱着一桶冰水，以降低手温。

另外，面团里黄油的颗粒大小也要重点考虑，千万不可以让黄油全部融入面团里！奶油的颗粒越大，派皮就越酥。因为黄油颗粒在烤里融化后会造成空隙，这时烤箱里的蒸汽会推挤面团去弥补空隙，形成一层层的酥薄面皮。麻烦的是，黄油也能有效地阻隔面粉和水的结合（因为油水不兼容），进而抑制面筋的形成。所以黄油越融于面团，面筋就越少，派皮也就越柔软。既然颗粒大则酥，颗粒小则软，如何在‘酥’和‘软’之间找到平衡，是对揉面的一大挑战。”——摘自《厨房里的人类学家》

不要被前面的长篇大论吓到，我们现在也不用搞得那么复杂，如果你有食品料理机当然最好，哗哗一搅打全部OK，若家里空间有限，暂时还不打算置办料理机，那也可以像我一样用简单有效的办法做出酥松的派皮来，而且我的这个派皮烤好以后，就算放在冰

箱里保存两天拿出来当时就吃，照样酥软。很多外面的派皮制品在同样情况下，已经发僵发硬，与可爱的馅心都不相配了呢。

我在做派皮的时候，只是最后揉的那一分多钟用手直接接触了面团，而且黄油也是在临使用前才从冰箱拿出来切丁。派皮铺到烤盘后，立刻再放进冰箱冷藏备用，直到内馅做好，才拿出来组合。目的就是为了让派皮材料在入烤箱前一直保持低温状态，确保烤好后更酥脆。

我打算以后就用这配方做出来的面团，作为基础混酥派皮的配方进行百搭，像港式蛋挞、巧克力挞、奶酪派、苹果派等统统招呼上。做多的面团只需放在冰箱冷冻就可以保存一个月左右，这期间随便弄点馅料，把冷冻的面团提前半天换到冷藏室缓化，临用时擀开根据模具进行塑形即可。

"硒"是最近才被大家所重视的抗癌物质，这款"菠萝紫薯派"的主角之一紫薯，正是富含"硒"元素的明星食材。这款点心的馅心里除了紫薯，还加入了杏仁和菠萝，这两样食材除了风味独特，对心血管疾病有也有保健功效。

这款点心最适合刚出炉趁热吃，挞皮酥得掉渣，馅料中各种食材混合的香味和口感非常棒，大力推荐给大家。

■ 派皮原料（直径10cm小派模约4-6只）▼▼

低筋面粉120克、高筋面粉50克、黄油100克、蛋黄1/2枚、牛奶15毫升、细砂糖10克、盐1克

■ 派皮做法▼ ▼

1．低筋面粉、高筋面粉混合后过筛两次，置于料理台面上。将糖、盐、刚从冰箱里取出的黄油放在面粉堆中，用塑料刮板边切成小粒边与面粉混合，直至黄油与面粉混成黄豆大小的松散颗粒。

注意：其间尽量减少用手与原料的接触，若手温使黄油变软，会导致派皮烤后不够酥松。

2．将蛋黄与牛奶打匀，分次倒入黄油面粉的坑里，并用面粉刮刀的尖端一点点逐步与周边面粉混合。

3．牛奶蛋液全都倒进面粉后，可用手以抓捏的形式快速揉成面团。将面团略压成饼状，用保鲜袋或保鲜膜包好，放冰箱冷藏半小时以上。

注意：手最好先冲过冷水降温，接触面团的时间控制在最多一分钟内，这样也是为了保持黄油的低温。

■ 派皮原料（直径10cm小派模约4-6只）▼ ▼

蒸熟的去皮紫薯120克、菠萝120克、黄油30克、杏仁粉30克、蛋清1枚、蛋黄1/2枚、淡奶油15克

菠萝紫薯馅做法

1. 黄油提前半小时从冰箱取出，室温软化成膏状，放在料理盆中，加入糖，用打蛋器搅打均匀发白。将蛋清与蛋黄轻混合成蛋液，分两三次加入到打发黄油里。每加入一次都需与黄油完全混合匀后再加入下一次。

2. 加入杏仁粉和淡奶油拌匀。淡奶油的加入可使奶味更香浓，如果没有，可用全脂牛奶代替。

3. 加入事先切成大小约1公分的菠萝丁、熟的紫薯丁，拌成馅料备用。

菠萝紫薯派组合

1. 取出冷藏好的派皮，将所需派皮分成四等份，每份略搓成圆形，在手心中压成饼状，放进纸质烘焙小派模里，用手指将派皮在模具里压平整。用叉子在派皮上扎些小孔。

注意：这一过程操作时间越短越好，每制作一只需时最好控制在两分钟以内，以免手温使面团过软影响烤后的酥松口感。该配方约需使用2/3的派皮量，多余的可包好放冷冻室保存。

2. 将馅料分装进派模里，放在烤盘上。烤箱提前180度预热10分钟后，将烤盘放进烤箱中层，同样的温度烤半小时即可。

亦舒在她的小说里曾提到过某英式下午茶，除了青瓜三明治以外就只有一杯清茶，我看到此处心里嘀咕着："怎么连司康都没有？"

是啊，一百多年来，英式下午茶最少不得的就是司康（scone），欧洲人形容它是下午茶的主角，没有司康的下午茶，再豪华也不能算合格。正统的英式下午茶的点心是用三层点心瓷盘装盛，第一层放三明治等咸味小点、第三层是各式蛋糕及水果塔等甜点，中间则是司康的专属，抹上微软的黄油和果酱，更讲究的则会配上英国特产的clotted cream，这是一种柔软的浓厚淡奶油，吃完一口再抹一口。三层点心的食用顺序是从下往上。

据说，最早的司康是用燕麦这类的粗粮用平底锅烙出来的，成品是大大的扁圆形，切成一块块小三角形再吃。现在的三角形是老传统的继承。

司康吃起来相当扎实耐嚼，黄油味十足，与绝大部分甜点的蓬松柔软相去甚远。现在司康也很多口味，甜咸都有，有加坚果的，有加干果的。

曾吃到过一次樱桃干司康，很喜欢，然而后来再也没买到，惆怅之下只好自己动手。

英式下午茶主角

朗姆樱桃干司康

原料

低筋面粉450克、细砂糖60克、泡打粉10克、盐3克、黄油120克、全蛋3枚、牛奶60克、樱桃干70克、朗姆酒适量、涂抹表面全蛋液1枚

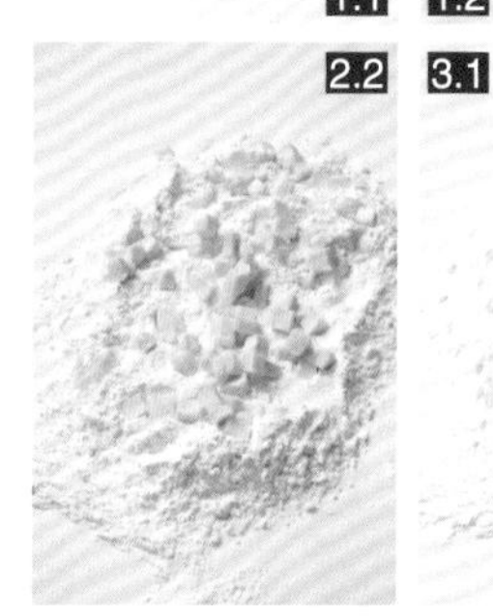

做法

1. 用朗姆酒浸泡蔓越莓至软后吸干水分。黄油切成小块放冰箱冷藏，鸡蛋、牛奶冷藏备用。

2. 将低筋粉、泡打粉、糖、盐混合均匀后筛在操作台上。中间挖成泉眼状，放入刚从冰箱中取出的提前切好的黄油丁然后铺在粉上。

3. 用切面板将黄油和面粉边切边混合，把黄油和面粉混合成均匀的细砂状。

4. 把黄油面粉拢在一起，中间挖出泉眼状。牛奶和鸡蛋搅打均匀。倒入面粉中间，用切拌的手法将材料混成雪花状。

5. 加入樱桃干用手轻轻快速和匀，不要过度揉搓，以免黄油融化造成烤后的司康不够松软。把面团做成圆形饼状。

6. 将司康面团包上保鲜膜放进冰箱松弛半小时取出，均匀分成八块。

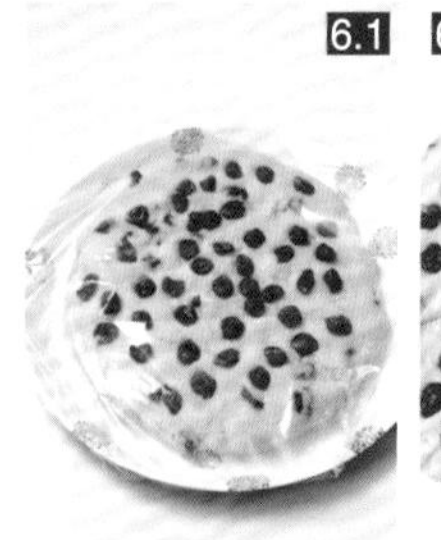

7. 放进司康模中至六七分满，在表面涂抹一层蛋液。烤箱提前10分钟190度预热，将司康模放进中层烘烤25-30分钟。

儿时的小资小调

椰汁西米露

长大后第一次吃到椰汁西米露，觉得似曾相识，如同宝玉见到黛玉时的“这个妹妹我见过的”。有天猛然想到，小时候在上海奶奶家就吃到过的呀！

那时候我可能四五岁吧，奶奶是个会用有限食材做出无限味道的人，经常给我们做甜羹吃，里面放现剥的橘子瓣、苹果丁，加点酒酿、西米。一颗颗煮得弹弹QQ的，在嘴里跑来跑去很有意思。仿佛那时候奶奶说过有“大西米”和“小西米”之分，没想到长大以后终于遇上了“小西米”。这小西米比大西米顽皮多了，根本不让你逮着，跟着椰奶滑溜溜就进了嗓子眼儿。

西米是从西谷椰树的木髓部提取的淀粉，经手工加工制成，有健脾、补肺、化痰的功效，西米还有使皮肤恢复天然润泽的功能，所以女孩子多吃西米是能美容的。似乎西米在东南亚的甜品里用得比较多，大家都熟悉的像“椰汁西米露”、“椰汁西米布丁”，都是以冷食为主。而且感觉挺异国风情，变得小资小调起来。

要这么说，我在小时候就已经“被小资”了。

蔻蔻心得

1. 西米泡的时间不要长，否则会散开煮不了。

2. 若买不到椰浆，可以把西米煮过以后，直接倒入冰过的听装椰汁，算是个速成做法吧。

■ 原料

椰奶180毫升、冲饮椰子粉50克、牛奶120毫升、西米60克、糖90克

■ 做法

1. 椰奶、椰子粉、牛奶、糖放进锅中，混合小火煮至糖融化、刚刚沸腾后关火，降温后放冰箱冷藏。

2. 西米提前泡15分钟，放入适量的滚水中以中火开盖煮，其间锅内水会变得黏稠，为了避免粘底需要经常用勺子搅拌锅底，并适当加两三次凉水，煮至西米变得完全透明没有白心关火，大约需要15-20分钟。立即放入冰水中浸泡至完全冷却，取出，沥干水分，分装入碗中。（下图为西米在煮过程中的变化状态）

3. 将冷藏后的椰奶倒入煮好的西米中拌均匀，并装饰上薄荷叶、西瓜即可。

讲究不将就

荷香莲子陈皮绿豆沙

说起绿豆，头一个被想起的定是夏天那碗红褐色的沁沁凉甜丝丝的绿豆汤，那是多少代人不变的夏日味道。

参与录制的各电视台美食节目中，有一档是北京台生活频道的《幸福厨房》，虽然不上星，但本地收视率一直很高。有期的主题就是“绿豆”。记得有位大姐用绿豆淀粉加上水，不同的比例，分别做出了凉皮和凉粉，让我又学一招。

绿豆有清热解暑、止渴利尿的作用，不但绿豆汤家家都做，南方人还有道夏日经典甜品“绿豆沙”，而“陈皮绿豆沙”更是因为加入了健脾开胃、止咳化痰的陈皮，被视为“升级绿豆沙”。

跑个题，曾有段时间是和董浩叔叔搭档录重庆卫视的《爱尚美食》，在化妆间聊天时，董老师说起朋友送给他些新会陈皮，有些年头了，单用一小块泡水喝就奇香无比，听得我心向往之。广东的新会市以出产陈皮而闻名，越是陈年越是昂贵，一斤卖到万元以上甚至更高不足为奇。心想，要是弄几块来放甜品里该多美，如果做陈皮排骨，那一定香死啦。

打住，接着说回怎么煮绿豆汤。人们看重绿豆清热解暑的功效，是来自于绿豆皮中的多酚类抗氧化物质，绿豆在刚煮的头十几分钟还是绿的，越煮颜色会越深，逐渐变成红褐色，这是因为多酚类物质在煮制过程中被氧化了，所以无论是煮绿豆汤还是绿豆粥，都要全程加上盖子。如果煮汤是以解暑为目的，那煮开后10分钟的绿豆汤所含酚类物质最多，解暑效果最好。我一般在这时候会盛出大部分汤汁单独饮用。

好多人不喜欢煮汤时的浮上来的绿豆，觉得口感不好或是糊嗓子，都得捞出扔掉才算讲究。孰不知，绿豆皮里除了多酚类物质，还含有益心血管健康的单宁、有利于肠道健康的纤维素等，扔掉实在是可惜。我的办法是将它们先捞出来备用。

汤也盛了，皮也捞了，锅里剩的干货们咋办？加上点儿莲子、陈皮煮至软，用冰糖调味，然后，放点儿荷叶增加清香，而且，荷叶也能清热解毒，但是，这重要的“但是”很吸引人啊，它还有清脂瘦身的功效。

一般煮绿豆汤时间都不短，绿豆沙煮好以后还得去皮过筛，更是费时费工。我只需要煮一半的时间，然后加上之前的绿豆皮，用搅拌机一打，营养全面，细腻柔滑的“荷香莲子陈皮绿豆沙”就搞定了。

都说懒人有智慧，本懒人讲究绝不将就，得意得儿笑，我得意得儿笑……

原料

绿豆80克、莲子50克、陈皮10克、干荷叶10克、冰糖20克

做法

1. 绿豆洗净，加入4倍的水，倒入锅中，煮制10分钟，舀出约一半的绿豆水单独饮用。

再煮至绿豆破皮后，将绿豆皮捞出。

2. 将捞出的绿豆皮单独盛放备用。莲子洗净后加入锅中煮约20分钟。

3. 将陈皮单独装入调料盒，放入锅中一起煮10分钟后，加入冰糖再煮10分至融化。

4. 将干荷叶撒在绿豆汤的表面，不要搅拌，加上盖子煮5分钟，关火后再焖约10分钟后捞出荷叶。

将煮好的绿豆汤倒入搅拌机容器内，将之前单独捞出的绿豆皮一起倒入。

5. 用搅拌机将所有食材搅打成沙即可。

蔻蔻心得

陈皮和干荷叶可在中药店购得。

边吃边漂亮

百香果酸奶冰激凌

女人对冰激凌从来都是又爱又恨，爱的是口味，恨的是热量。我曾经在博客上做过最喜爱冰激凌口味的调查，水果味的排名靠前，多半是觉得水果类的热量能更少些，可见大家内心的彷徨了。和纯乳脂类冰激凌相比，水果冰激凌在口感上当然更清爽，多吃些犯罪感相对会少些，呵呵。

这款美味低脂的“百香果酸奶冰激凌”，既能过嘴瘾，又不至于担心发胖。其中最主要的成分是酸奶，淡奶油的用量较一般冰激凌减去一半。用百香果带出浓郁独特的香味，又香又酸甜，吃完感觉口气特别清新。

“百香果酸奶冰激凌”不但味道特别，也是做冰爱好者的入门级冰品，不但免去了加热熬煮这些最容易搞砸的步骤，而且也不必重复搅拌，从动手制作到送进冷冻，最多15分钟搞定，多么省事。

夏日炎炎，做这款美味低脂的冰激凌让烦躁的自己沉静下来吧。

百香果的功效

百香果由于果汁香味浓郁，具有番石榴、芒果、香蕉、菠萝、草莓等多种水果的复合香味，因此而得名，拉丁文叫做“Passiflora edulis Sims”。也叫“西番莲”、“情人果”。原产地巴西。因其果汁营养丰富，气味特别芳香，享有“果汁之王”之美称。百香果果汁含有多种对人体有益的元素，如蛋白质、多种氨基酸、维生素C、磷、铁、钙、SOD酶和粗纤维，对机体发挥净体排毒的作用。

排毒美颜：净化机体，避免有害物质在体内沉积，进而达到改善皮肤、美化容颜的作用。

塑造体态：食用百香果可以增加胃部饱腹感，减少多余热量的摄入，还可以鳌合吸附胆固醇和胆汁酸之类有机分子，抑制人体对脂肪的吸收。因此长期食用有利于改善人体营养吸收结构，降低体内脂肪，塑造健康优美的体态。

促进代谢：百香果能够促进排泄，缓解便秘症状，清除黏附滞留在肠道的刺激性物质，避免其刺激肠道和被人体再吸收，从而减少结肠癌的患病机率。百香果中的VC参与新陈代谢，能降低胆固醇，净化血液，另外，百香果中富含的β—胡萝卜素、SOD酶能够清除体内自由基，从而减少细胞发生癌变的机会，并达到养颜抗衰老的作用。

原料

大号百香果3枚、纯酸奶400克、淡奶油200克、绵白糖80克

做法

1．将糖倒进酸奶中搅拌至融化。

2．淡奶油从冰箱冷藏室取出放入料理盆中，外部隔着冰水，用手动打蛋器打发至浓稠。

3．将打发好的淡奶油与酸奶轻轻拌匀。

4．百香果对半剖开，挖出果肉放进冰激凌原液里轻拌匀。

5．冰激凌原料倒入保鲜盒密封好，冷冻至硬即可。吃时提前10分钟从冷冻室移至冷藏室，略微软化后口感更好。

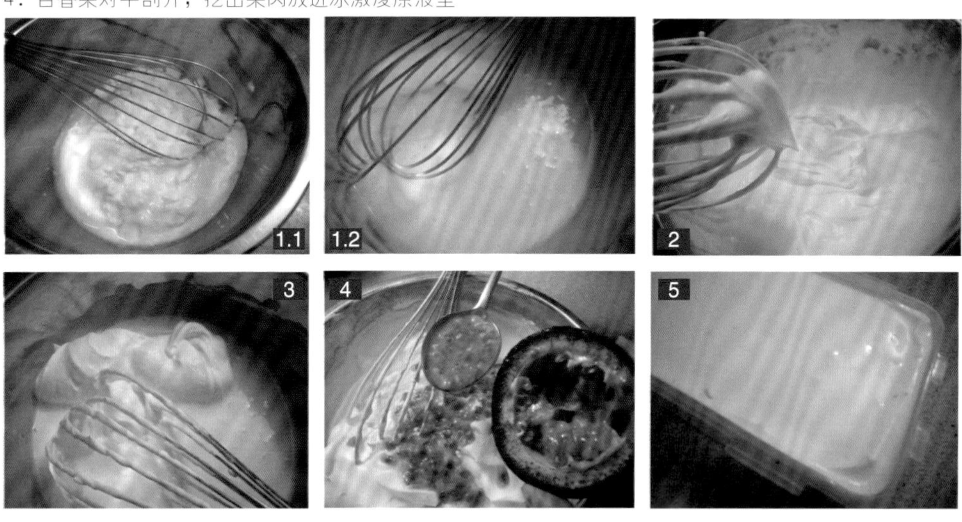

蔻蔻心得

1．百香果肉的黑色小籽是可以食用的，不用特别去掉，如果不喜欢，可以将果肉挖出后过筛去籽。

2．这款冰激凌用的酸奶是凝固型类似于软质奶酪状的。如果买不到，可以选用超市里的原味酸奶。

3．绵白糖能在不加热的状态下很好融化，建议不要轻易大幅度减少糖的份量，因为冰激凌原液冷冻以后甜度会降低。

芬芳柔软的魔力 香草冰激凌

曾经，所谓的“香草”冰淇淋、“香草”蛋糕、“香草”奶冻……这些我们以为熟悉得不能再熟悉的香草味道，原来只是代用品“香草粉”的作用。只有遇到用真正香草荚（Vanilla bean）做出来的点心时，才明白过去我们错过了什么，才明白两者之间的差别有多大。

这黑色细窄的豆荚拥有让人内心立刻柔软和甜蜜起来的魔力，使用过程中若手指沾上它，无可替代的甜美香气会经久不散，以至于我常想，女性甜点师是不必用香水的，抹一点纯天然萃取的香草精油即可委婉地表明身份，多么浪漫。

喜欢任何加了香草的甜点，每一口都有百转千徊的迷人芬芳。美丽的事物多半昂贵，小小一枝便价值不菲，只有在酒店高端的甜品或是个性甜点店里偶尔使用，成品中隐约可见星星点点的黑色香草籽就是美味的保证。因此，不要总是抱怨这些地方的东西贵，物有所值。

对于珍爱的食材总是想充分利用，如果只是剖开用香草籽，剩余的香草荚外壳我习惯埋在细砂糖里密封，一周以后就做成了天然的香草砂糖，比售卖的划算好多。香草荚还能取出来煮成香草牛奶再扔掉，丁点儿也不浪费。

曾经连着两个周日下午，在中央人民广播电台的《都市下午茶》里与主持人聊冰淇淋的话题，我特地提到了香草冰激凌：如果在某些自制冰激凌的店里看到“香草冰激凌”是带着小黑点的，千万不要错过，那是真正的“香草冰激凌”。

原料

大蛋黄5枚、牛奶250克、淡奶油300克、香草棒1支、香草砂糖100克

做法

1. 香草棒对半剖开，刮出内部的香草籽，放进牛奶中浸泡半小时，再小火煮至刚刚沸腾关火，加上盖子略晾至不烫手。

2. 蛋黄里倒入70克糖，用电动打蛋器低速搅打至糖融化，蛋液变浓稠并成淡黄色。

3. 香草棒外皮从煮好的牛奶里捡出，将牛奶慢慢冲进蛋黄糊里，边冲边搅拌，以免热度将蛋黄糊烫出蛋花。装盛了牛奶蛋液的料理盆放入较大的热水锅中，隔水加热并不停搅拌，直至牛奶蛋液变略浓稠，感到能粘在勺子上即可关火，不可煮开。取出料理盆隔冰水降温。

4. 淡奶油从冷藏室取出后，加入30克糖，用电动打蛋器中速打至浓稠并出明显花纹，打蛋头拎起后尖端有短三角出现即可。

5. 将冷却的牛奶蛋黄糊与淡奶油混合均匀后倒入容器内，盖上保鲜膜或盖子放进冰箱冷冻两小时左右至半凝固取出，用电动打蛋器低速搅拌一次，再密封好放进冰箱冷冻两小时左右取出搅拌，此工序重复两次后再放冰箱冷冻至凝固即可。

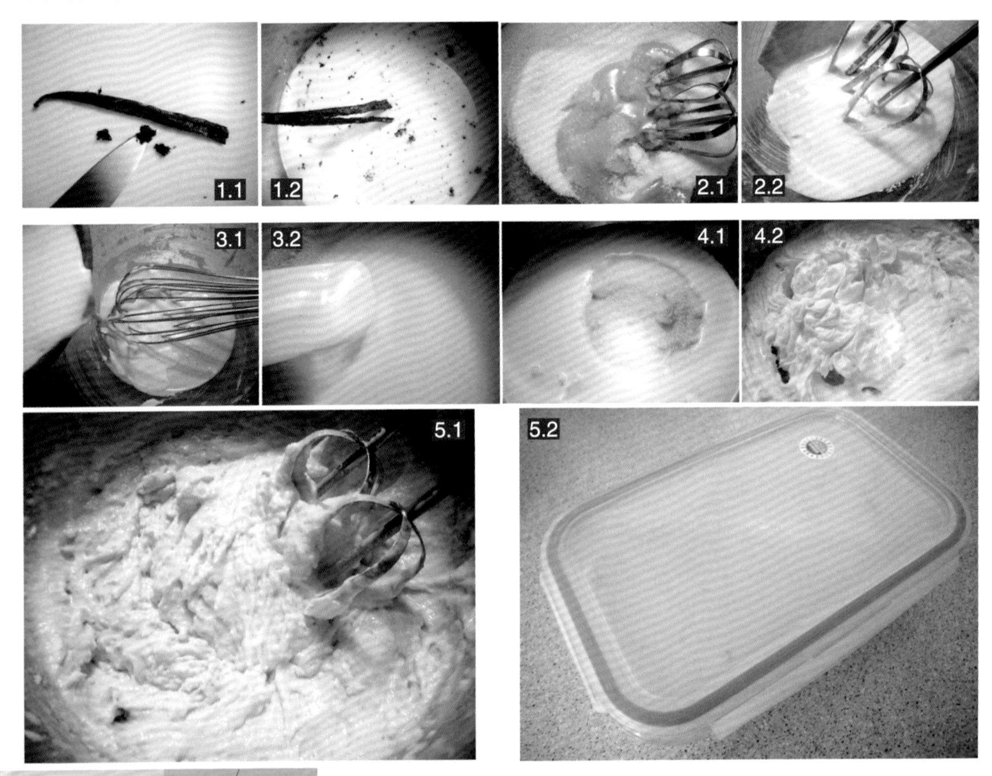

冰激凌的中国风

豆腐雪糕

近两年的夏天总是这样乱哄哄地过着，搞到焦头烂额又柳暗花明，所幸现在都安稳下来了。能踏踏实实、不受干扰地过真正属于自己的生活，真的不容易，真的很幸福，真的要珍惜。

回到正题吧。虽然已经立秋，但是用“七月流火”来形容现在依然合适。所以各种冰品依然当季，吃冰激凌更是一年四季的开心事。说起各国冰激凌的代表味道，日式的当属抹茶味、意式的当然是咖啡味、美式的是巧克力等等。那咱们也做款有中国风味的“豆腐冰激凌”。

需要注意的是，这里用的是浓香的细嫩的内脂豆腐，不是日本绢豆腐。同时，用豆浆代替了牛奶，淡奶油的用量也相对调整过，这样保留了冰激凌特质的同时，还能兼顾低脂瘦身。

把冻好的“豆腐冰激凌”重新用叉子刨松，再分装进雪糕模里重新冻上，样子变得趣致可爱了许多。举着吃感觉很新鲜。这组雪糕模从宜家败回来好几年，要不是亚亚翻出来玩，我都要遗忘了。

原料

内脂豆腐150克（约半盒）、熟豆浆100毫升、蛋黄2个、鲜奶油100毫升、糖50克、蜜豆适量

做法

1．将糖加入蛋黄中，打至发白浓稠备用。

2．豆浆加热至刚刚沸腾后关火，降温至60度左右。

3．把豆浆一点点加入至打发的蛋黄中，一边加入一边搅拌，以免高温把蛋黄烫成蛋花汤。晾凉备用。

4．将嫩豆腐过筛，使其更加细腻，备用。将豆腐泥与豆浆蛋黄液混合均匀。

5．从冰箱取出冷藏的淡奶油，趁着低温打发至呈色拉酱状。此时用电动打蛋器会比较省事。

6．先取1/3量的打发淡奶油加入至豆腐糊中轻轻拌匀，再分两次将剩下的淡奶油加入。蜜豆切碎，加入冰激凌糊中略拌。

7．将冰激凌糊装入保鲜盒中密封冷冻至凝固后，用叉子刨松。

8．分装进雪糕模中重新冻硬即可。

简单小心思

奶香粽子红豆汤

月饼、汤圆、粽子……这类应节食品每每在节后都会剩不少，新鲜劲儿也没了。其实换换吃法换换做法，就会是另一种风味。

“红豆粽子汤”是在与朋友聊天中得到的启发，朋友是广东人，家乡那边会把枧水粽切成丁晒干保存，临吃时放在甜汤中一同煮制。这种做法让我听听都馋，可以想象得到粽子丁煮好以后耐嚼的口感。而且红豆汤具有益气养血、利水消肿的功效，可以健脾胃。

我在做的时候是直接把粽子切成丁放在红豆汤里煮的，用牛奶代替了水，牛奶与红豆沙很搭，花个三五分钟就能做好这款软糯香甜的点心。

生活，经常来点这样简单的小心思，多好。

原料

熟粽子两只、红豆沙80克、牛奶250克

做法

1. 将熟粽子切成小丁。
2. 牛奶倒入锅中，加入红豆沙，小火边煮边搅匀。
3. 锅内微煮开后，加入粽子丁，改中火煮一两分钟后关火即可。

天实在是太热，如果不在空调房待着，基本是一身一身的汗，晚上也睡不好，虽说有减肥的可能，但这样子对身体也没什么好处。在夏天又不能吃过补的东西，怕上火。于是想到了将白果与红枣组合，白果可以润肺降燥美白，红枣是当仁不让的补血佳品，红白相间，真是珠联璧合的一对儿。

原本是想作成“桂花蜜汁白果红枣”，红枣要口感又甜又多汁，必须是表皮完全撑开又不破裂。这最少要煮1小时左右，然后把汤汁收干以后淋蜂蜜。其实我平时煮红枣汤也是这个程序，好不容易煮出来的枣子汤水再收干，想想太可惜，就中途给改成“桂花白果红枣汤”了。

红枣在煮的时候会有白色的果蜡浮出来，我以前都是直接用勺撇掉，不过这样似乎弄得并不是太彻底。后来我发现煮15分钟以后果蜡基本全都浮出以后，用热水把枣子冲干净，重新倒入有热水的锅内，枣汤就能煮非常清澈了。

要注意的是，白果若食用量过大易中毒，生白果毒性最大。其毒性成分能溶于水，彻底加热可被破坏，在食用前要去掉种皮、胚芽。白果去壳后，在开水中先烫5分钟或焯2分钟捞出，就能轻松剥去果肉上的褐色外膜，然后再彻底煮熟后食用。成人每次食用量不要超过15粒，孩子3-5粒即可。

煮好了的“桂花白果红枣汤”热着喝已然馥郁芬芳，放冰柜冷藏凉透，大热天从室外回

盛夏美白又补血

白果红枣汤

来，来上这么一碗，哇，桂花香、枣子甜、白果糯、汤水沁透心的凉，真是享受。这道甜汤，无意间成了我夏天补血美白的好汤水。在冬天喝，把冰糖改成红糖，再加点姜片，还有活血的功能，热热地喝下去保管手脚暖暖的。

对自己这次拍的照片很满意，看着都能从心里静下来。

原料

大红枣30粒、新鲜白果25粒、天然冰糖50克、干桂花10克、枸杞10粒

做法

1. 新鲜剥壳白果用开水泡5分钟以后，剥去胚皮。
2. 锅内放一半的水，将红枣倒入后，中火煮15分钟左右煮冒出白色果蜡。将枣子捞出，用热水冲净表面。砂锅内也重新换上热水，将枣子倒入煮45分钟。
3. 将白果、冰糖倒入锅中，接着煮15-20分钟，撒进干桂花，关火加盖焖10分钟至桂花香味渗出即可。凉透后放冰箱冷藏。

蔻蔻心得

1. 最好选用大红枣，煮的时间也不要太长，否则表皮一破，就没吃头了。除非是打算纯喝汤。

2. 放了干桂花立即关火，用锅内温度把香气焖出来。不能煮，否则桂花香很快会挥发掉的。

3. 超市冷藏柜台也能买到真空包装的鲜白果。

亚亚17个月时，给她做了个“焦糖南瓜蛋糕”，选这个品种，是因为也快到万圣节了，算是应个景。我更喜欢万圣节的另一种意义——赞美秋天的节日。

这只蛋糕的装饰灵感，来自于孩子们在万圣节里提着南瓜灯笼挨家挨户讨糖吃的游戏，打扮成小鬼精灵模样的小朋友们会威胁着“不给糖吃就捣蛋”。既然这样，那我也乖乖地在蛋糕上摆满可爱的小星星糖果，再用小蛋卷做围边，扎上同南瓜一样金色的蝴蝶结。我家亚亚看了高兴地指着又笑又叫，希望其他小朋友们吃了，也不许再“捣蛋”啦！

美食和养生是最适合搭在一起录的生活类节目，合作的很多节目都是这种形式，我身兼嘉宾与美食制作。记得录河南卫视的《创意时代》时，有期节目组请来的专家是著名的中医大家、首都医科大学博士生导师王鸿谟教授，主讲中医是如何通过辨色来诊察病情的。听起来虽然很高深，但王教授讲得通俗易懂，我们这些场上嘉宾和现场观众都受益匪浅，感觉平时生活中还是应该了解和掌握一些这样的医学知识，而且王教授还教了不少简单易行的养生方法，对自己对家人和朋友都特别有用。

录完节目以后，越发感觉到要爱护自己的身体，尤其是饮食健康。进入干燥的秋冬季，老百姓都知道多喝水的重要性，但也确实有不少朋友已经不习惯喝白开水了，那么，自己做一杯应季又有针对性的水果茶，也不失为一种调剂。

水果茶我在课堂上也教过，都是运用当季水果来做，学员们喝过都很喜欢。水果茶多用红茶做基底再配上当季的各式水果。在秋天我喜欢用橙子配上北京特有的海棠果，做成富有北京特色的秋季果茶。橙皮里含有大量的维生素和提神醒脑的芳香精油，而且橙皮也有化痰止咳的作用。海棠果鲜艳小巧，含有大量的营养物质，如糖类、多种维生素、有机酸等，能够补充人体所需的营养，提高机体功能，增强对疾病的抵抗力。

用橙皮制作果茶时，我习惯将其提前泡半小时，这样橙味能更全面地渗入到水中。橙肉中含大量的维生素，不耐高温，饮用时现放在各自的茶杯中，泡着喝即可。海棠果也是先煮一部分取其香味，再切出新鲜的果丁用茶来泡。虽然有些麻烦，但是味道和营养能两全，看起来也很漂亮。

暖暖的秋日阳光里，有一杯热气袅袅的琥珀色水果茶陪着，生活缓缓，日子暖暖……

秋日暖暖 香橙海棠水果茶

■ 原料 ▶ ▶

橙子、海棠果、茶包、橙子果酱

■ 做法 ▼ ▼

1. 橙子用盐搓去果腊，洗净后将皮削下。

2. 用刀细心将橙皮上白色部分去掉，这样能避免苦味。

3. 将橙皮、茶包放入锅中，加适当水浸泡半小时。

4. 取出橙子中的果肉，将海棠果去核连皮切成小丁。

5. 海棠果丁放入已泡好橙皮和茶包的锅中。

6. 加盖煮10分钟后关火焖5分钟。饮用时在杯中另加入新鲜的橙子果肉和海棠果丁，冲入过滤后的水果茶即可。也可以用橙子果酱或蜂蜜来调节甜味。

芳气袭人是酒香

桂花酒

要说江南秋天最香最美最应季的酒，莫过于“桂花酒”。老一辈的南方人，在重阳节是讲究喝桂花酒的。有兴致的，用新鲜的桂花自家泡，过节时，老人孩子都喝一点，其乐融融。听说我要泡桂花酒，老爸也是乐呵呵蛮高兴的。

前几天吃螃蟹，突然想起来今年的桂花酒可以喝了，老爸积极响应。开盖后满屋飘香，果然妙啊！喝下去又甜又浓又滑。配着盘中只只满黄的螃蟹，陶陶然真是享受，皇帝老儿来了也不换呢！

我家的桂花酒是用米酒泡的，比起劲儿大的高粱酒，米酒才8度的酒精含量，应了《红楼梦》里刘姥姥那句话——“蜜水似的，横竖醉不倒人”。这么好喝的蜜水谁舍得停杯呢。

古人认为桂为百药之长，饮用桂花酿制的酒，希望能实现饮之寿千岁的美好愿望。汉代时，桂花酒就是人们用来敬神祭祖的佳品，祭奠完毕，晚辈向长辈敬用桂花酒，长辈们喝下之后则象征了会延年益寿。桂花酒尤其适用于女性饮用，被赞誉为“妇女幸福酒”。

“月宫赐桂子，奖赏善人家。福高桂树碧，寿高满树花。采花酿桂酒，先送爹和妈”。在重阳节这天，用自己亲手酿的这杯琥珀色香浓甜美的“桂花酒”敬给父母，最能表达心意。

■ 原料 ◀◀

米酒1瓶（500克）、鲜桂花1小碟（30克左右）、桂圆8粒、冰糖1把、枸杞20粒

蔻蔻心得

1．冰糖、桂圆、枸杞的比例可以按自己的口味调整。

2．若使用干桂花，需要用高度的的清香型白酒浸泡，且泡的天数略长些，才能更好释放出桂花的香味。

■ 做法 ▼▼

1．泡酒的容器洗净，提前用水煮15分钟捞出后自然晾干。依次放进鲜桂花、桂圆、冰糖、枸杞，至满。

2．倒入米酒至瓶口，加盖密封。放阴凉处浸泡30天以上即可。泡的时间越长味道越好。

每年九月底，我都会找时间带着亚亚，一起回娘家小住一阵。回来以后顿时觉得心静了下来，这是扬州有年头的小区，闲淡安静，晚上尤其如此，可以听到楼下的细细虫鸣。房前屋后都是十几二十年的大树，空气好极了。

最让我喜欢的是每栋楼前后左右都有高大的桂花树，公园、河边、文化馆，处处可见，不夸张地说，每50米内必能见到桂花。有次刚回来时没闻到香气，很遗憾，以为错过了花季，其实是那年的桂花开得晚。

大约一周后，桂花开始盛开，空气里弥漫着诱人甜香，随处都是，我们如同生活在桂花丛林里一般，每分每秒被桂花香熏着，飘飘欲仙。

瓶中金秋

桂花酱和桂花茶

晚间睡觉，开一点儿窗，甜甜的花香依然充满房间，衬着清朗的月光，所谓“黑甜一梦”也不过如此。清早开窗，微凉的空气夹着甜香扑面而来，神清气爽。桂花季进入尾声时，每每见到撒落一地的细碎金黄，心中会有不舍，江南秋天最美最香的金色时光这么快要过去了。

兴致来了会做些桂花酱、桂花酒，做过桂花酒酿鸭翅。用新鲜桂花做的食物果然不同凡响，香到无以复加，相比之下，干桂花只有形而没有魂。但桂花好娇气，采下来要马上做成美食才能形神俱美，否则半天之内小小花朵会有锈色或是发蔫。好在房前屋后的大片桂花给我了绝好的条件，随时下楼抬手可得。

有次在采摘的时候，看到有位老阿姨采的是欲开的桂花蕾，请教了才知道，这样的桂花才是最香的，全开香气就散了，我问她采桂花是做什么吃呢，老阿姨说晒干了泡茶喝，边上一位晒太阳的大爷说，他头一天就采过了，那时候的花更香。天呢，谁说老年人不懂生活情调！

金灿灿的桂花酱可算百搭，做点心时淋上一点儿，用柠檬片和矿泉水调一下，就是一杯酸甜幽香的“桂花蜜茶”了。自己做的干净又新鲜，每朵桂花都是我亲手采摘，第一时间亲手挑选的。

让我们一起享受这瓶金黄的甜蜜，这瓶江南最美的秋色。

原料

鲜桂花、蜂蜜、盐一小撮

1

做法

1. 玻璃瓶事先洗净，放水中煮10分钟杀菌控干。鲜桂花挑去杂质，倒入盐轻拌匀，腌10分钟左右。

2. 瓶子里铺一层桂花，在上面浇一层蜂蜜，再铺一层桂花，再浇一层蜂蜜。直至装满瓶子。加盖密封后放冰箱冷藏一周以后即可。

2.1

2.2

瘦身版的乳酪蛋糕

酸奶油乳酪杯子蛋糕

“三月不减肥，四月徒伤悲，五月路人雷，六月伴侣没，七月被晒黑，八月待室内，九月更加肥！十月相亲累，十一月没人陪，十二月无三围，一月更悲催，二月不知谁。连芙蓉姐姐都瘦到不到百斤了，你还好意思胖下去吗？”

最早看到这段子是在微博，没在意。后来接连在现实生活里有身边的人拿这个当口头语，这就引起了我的重视。最夸张的一次是在我的烘焙课上，教学方式是把我当天做的蛋糕分给学员们品尝，学员自己做的则被精心完整地打包带回家去显摆。

就在当天烤的芝士蛋糕遭到学员们疯抢的时候，一长得很好看打扮很好看的学员只在外围观望，这可就引起我的注意啦。我问她：“你怎么不吃啊？”学员答：“我只做，不敢吃。”“啊？！为什么？”“我怕胖，正减肥呢。”“那你学做的蛋糕咋消耗啊？”“都送人了。”

所有学员都用无比敬佩的眼光仰望着她，这得有多大的定力啊！一般人说减肥，基本是连甜品看都敢不看，可这姑娘硬是挑战自我，在刀尖上起舞，人家亲手做点心，可就是不吃！有学员无比同情地来了句“三月不减肥”，接着就有人给完整地顺下去了，大家都乐了。

不行，我不能容忍我的学员们这样虐待自己。于是我们大家一起给她上思想课，动之以情晓之以理，“你可以吃得少一点，吃得好一点嘛，再说，你自己不吃，怎么知道做得是否成功，怎么跟别人描述味道呢？来，吃一块儿吧。”美女放松警惕，来了一块儿。我们问，“好吃么？”“真好吃！”看！这才是懂得享受生活的好孩子嘛！

像这样减肥控的有没有？像这样甜品控的有没有？像这样既是减肥控又是甜品控两者兼而有之自我纠结的有没有？有！

我们不可能对“减肥”这个问题避而不谈，今天把这事儿一起解决了，减肥甜品两不误，做一款“瘦身版乳酪蛋糕”——酸奶油乳酪杯子蛋糕。

说是瘦身版还真不含糊，首先，原料进行了精编，乳酪含量和糖量大大减少，加入了富含乳酸菌的香浓酸奶油，用杯子蛋糕的形式看起来也更细巧更时髦。烘烤时间也瘦身了，只需25分钟即可。更主要的是表面那层奶油糖霜，淡奶油中混合了大量酸奶油，轻盈不轻淡。

酸奶油Sour Cream是稀奶油经乳酸菌发酵制成的奶油，也是一种常用的发酵奶油乳制品，广泛用于烹饪、烘焙、甜点。酸奶油的乳脂含量为12-16%。酸奶油比甜奶油有更多的优越性，香味更浓郁，奶油产量也更高；另外由于细菌菌种抑制了有害微生物，所以消毒后再次污染微生物的危险性也较低。

我买的是现成的酸奶油，其实在家也可以自己做，挺简单。把约30克的新鲜柠檬汁挤进200ml的淡奶油里，朝一个方向划圈均匀搅动，直至微微凝固状，在室温下静置半小时让其发酵，然后密封放冰箱，保存期在15天左右。

首先一定要把酸奶油糖霜层和蛋糕体同时入口，这是品尝杯子蛋糕的最佳方式，这样才能在体会乳酪蛋糕香浓的同时，体验酸奶油带来的清爽宜人，然后再分部位细品。而且这次的配方只有6枚蛋糕的量，做完以后再和朋友们分享一下，小小蛋糕吃不了几口，在过瘾的同时又不会过量，心理负担大大减少，既满足了成就感又不妨碍减肥，多么皆大欢喜。

我们时刻都要绷紧“减肥”这根阶级斗争的弦。“减不减是态度问题，减不减得成功是能力问题。”一个正确的态度很重要啊，我的同志们！

乳酪杯子蛋糕原料（中号纸杯模6只量）▶▶

奶油奶酪250克、酸奶油80克、细砂糖40克、鸡蛋1枚、海绵蛋糕片6片（可省略）

做法▼▼

1. 奶油奶酪隔热水软化后加入糖，用打蛋器搅打至糖融化，奶酪呈膏状。

2. 打入鸡蛋搅拌均匀后，加入酸奶油拌匀。

3. 提前将海绵蛋糕修成与蛋糕纸杯底部相同或略小一圈的尺寸，垫在纸模底部备用。将乳酪糊装入一次性裱花袋里备用。

4. 将乳酪糊挤到纸模里约9分满。烤箱提前15分钟160度预热后，把纸杯蛋糕烤盘放入，同样温度烘烤25分钟后取出待凉或放冰箱冷藏。

酸奶油糖霜

原料

淡奶油100克、酸奶油30克、细砂糖5克

做法

1．将刚从冷藏室取出的淡奶油里加入糖，用电动打蛋器高速打发至淡奶油变浓稠变硬至出现明显纹路，此时打蛋器头的淡奶油呈短三角，基本接近干性发泡。（打成干性发泡是因为等下要混入的酸奶油属于半流质。）

2．加入酸奶油，用手动打蛋器或橡皮刮刀轻拌匀。裱花袋装入小号菊花嘴，用同样的手法装入酸奶油糖霜，挤在凉的纸杯蛋糕表面即可。

蔻蔻心得

酸奶油糖霜可在杯子蛋糕临吃之前现做。只需挤在杯子蛋糕顶端中心即可，挤太多感觉会很厚重，不能体现这款杯子蛋糕轻盈的风格。挤了酸奶油糖霜以后，需要放冰箱冷藏保存，最好两天内吃完。

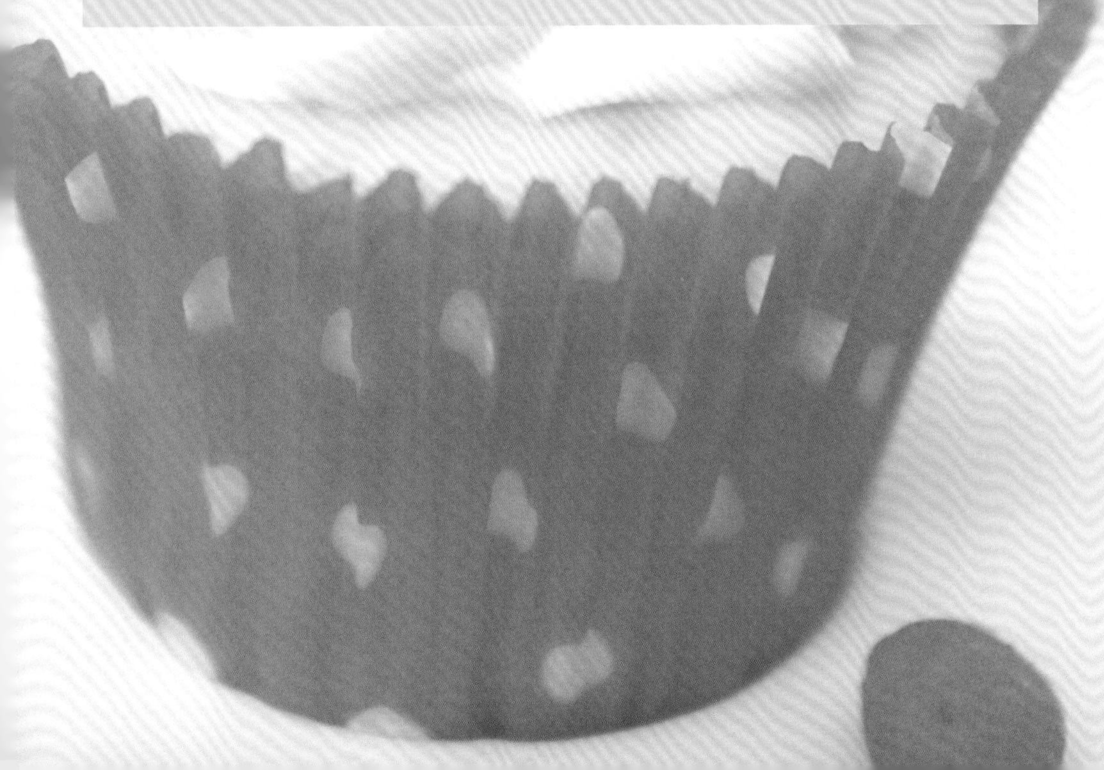

像空气一样

超软樱桃干戚风蛋糕

每个烘焙爱好者都会变成模具控，都觉得专款专用出来的蛋糕才叫根正苗红。家里各式烘焙用具已经挤满两个柜子了，每次看到心仪的还是忍不住往家败。不过，我还是建议家里空间有限的烘焙新手们别贪多，买几个通用模，每个品种都能用得到才划算。像圆形活底蛋糕模、钢质慕斯圈、萨瓦林模等等，都是多面手，无论做烘焙类还是冷藏类蛋糕都应付得来。

模子和配方相比，我倒觉得配方更重要。试过很多戚风配方后，我会根据自己的需要进行微调。因为要讲授烘焙课，为了保证新学员不至于当场“疯”掉，我更是对之前做过的配方都整理了一遍，确定了一个我个人认为最满意的。

这个配方的特别之处在于：所有的糖量只加在蛋清里，而且糖里加了一定比例的玉米淀粉，不用再加柠檬汁、塔塔粉这类材料。这样打出来的蛋清更细腻柔软，稳定性好，烤出的蛋糕口感更轻盈。另外，蛋黄里是同时加入牛奶和色拉油，搅拌到全部融合乳化就行，加入面粉后很容易拌匀，减少了因长时间拌和而产生的蛋清消泡问题。

这个“超软戚风”所用的原料品种更少，从操作程序上偏简单，烤后的蛋糕柔若无骨，内部分外细腻柔软，更加适合老人和小孩子吃。更让我满意的是课上零基础的烘焙学员也能顺利做成。“像空气一样，好好吃！”，真是让我满足。

■ 原料（八寸萨瓦林模）▲ ▲

低粉130克、樱桃干60克、香草油数滴、牛奶100克，蛋7个，糖90克，色拉油70克。

做法

1．将1/3量的樱桃干均匀撒在萨瓦林模底部。分开蛋清和蛋黄，蛋黄放入料理盆中，蛋清放入无水无油的搅拌机缸内。

2．将牛奶、色拉油倒入蛋黄盆中，用手动打蛋器将盆内材料混合均匀。

3．将提前筛过的低筋面粉倒入蛋黄盆中，手动打蛋器呈8字型手法将面粉与蛋黄液糊混合均匀后，用橡皮刮刀将面糊内的细小面粉粒在盆内抹拌匀，放一边备用。

4．将蛋清用搅拌机的中速打出大泡沫，在打蛋器旋转状态下加入1/3量的糖，搅拌约半分钟蛋清的大泡变得略小后，再加入1/3量的糖用中速接着打发半分钟，将最后1/3量的糖加进去，改成低速打发，直至盆内蛋清体积膨胀了约两倍以上，洁白细腻，有明显花纹，拎起打蛋器尖端出现弯勾三角。

5．取1/3量的打发蛋清与蛋黄面糊呈8字型手法轻轻拌匀，再取1/3的蛋清加入拌匀后，轻倒回蛋清缸中，与剩余打发蛋清拌匀。

6．用配方以外的少许低筋面粉拌在樱桃干里，使每粒表面都裹上极薄一层面粉后，控掉多余的面粉，把樱桃干轻拌入蛋糕面糊中。

6.2

7．将蛋糕面糊轻轻倒入萨瓦林模具中，放在台面上轻磕几下去除内部的大泡。将模具放在提前10分钟170度预热过的烤箱中下层，170度烤25分钟后，150度再烤25分钟。

8．将刚烤好蛋糕立刻从烤箱中取出，倒扣在烤网上。充分冷却后脱模，用时令水果装饰。

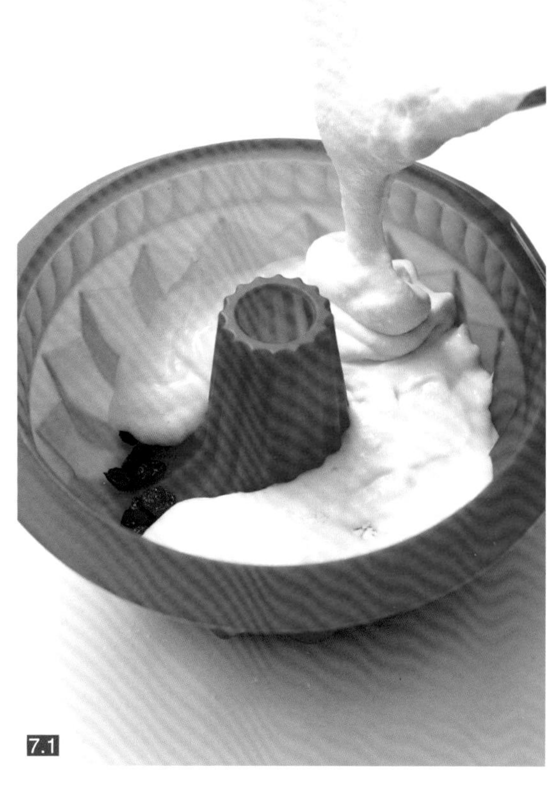

7.1

7.2 8.1 8.2

完美一天

枫糖浆芝士蛋糕

记得亚亚的半岁生日蛋糕我花了点儿小心思，不是不想做新品种，只是希望能给她更有仪式感的蛋糕，所以才做了裱花奶油的，其间光是放在博客上的流程图就多达30多张。觉得自己是用心了，因此比以往任何时候都更希望能被推荐在美食博客首页，可是直到晚饭前，新博标题前面都没有出现那个可爱的小小的黄颜色的“荐”，我犹如锦衣夜行般失落。

先生回家，忍不住跟他说了自己的失望，他随口说了句——“你最近蛋糕造型太像饼房了”。整个晚上我都为这句话耿耿于怀。直到晚上哄完亚亚睡着，一家三口都在床上躺着，我很正式地向他说明了这句话对我的伤害。正生着闷气，他问我要不要看梅里尔·斯特里普的新片子《朱莉和朱莉娅》。她是我们两人都非常喜欢的演员。这是我无法拒绝的邀请。

我俩那段时间的夜生活非常简单，7：30给亚亚洗澡，8：00哄亚亚睡着以后，窝床上一起看在线电影或连续剧。我洗了苹果、梨、香蕉，切成小块，端上楼，两人边吃边看，当天的电影夜生活正式开始。

播放不到两分钟，我立即意识到这部电影其实是我在当年二月份就开始期待的，当时有篇帖子叫“2009年最值得期待的10部电影”，这部是以美食博客为串线的。后来生完孩子事情多就忘得一干二净。没想到老公居然无意间帮我找了出来。

朱莉的美食博客受到《纽约时报》美食编辑的关注。去她家进行试吃及采访报道，令她一夜成名，第二天电话答录机里的留言有65条，出版社约出书的、电视台约上节目的、杂志约专栏的、自荐做她经纪人的……看到这里我和先生乐了，他知道这也是所有现实里美食博主的终极梦想，这一幕对我们而言像是无比美妙的天堂。哈哈！原谅我的白日梦！

朱莉与朱莉娅，这两个幸运的女人，由于爱好得到了事业。我这普通主妇在这点上无法与她们相比，然而，我与她们有一个共同的幸福之处：有一个欣赏我做的美食、鼓励我这一爱好的先生。尽管他会说“做得像饼房”，可他也会说“太好吃了，爱你两万年”，他更会把我的博客骄傲地推荐给同事、朋友。

做一个普通的美食烹饪爱好者吧，为自己的成就感、为家人的满足感，完善成为好女儿、好太太、好妈妈。

临睡前，又看了一次自己的博客，那篇前面已经有了一个美丽的“荐”。先生洗澡回屋，看到我的笑脸，他说：“终于上首页了吧？看把你乐的。”被人这么了解也是件幸福的事吧。

关灯，睡觉！真是完美的一天！

■ 原料（6寸）◀ ◀

消化饼干200克、黄油100克、奶油奶酪300克、细砂糖30克、枫糖浆560克、全蛋2枚、淡奶油80克

■ 做法▼ ▼

1．用锡纸将模具内壁包裹起来，便于烤后脱模。

2．消化饼干装入保鲜袋中，用擀面杖碾成粉状。

3．黄油隔热水化成液态，将碾成粉状的饼干碎倒入拌匀，均匀地铺在模具的底部和内壁，用手指压实，放冰箱冷藏备用。

4．奶油奶酪中分两次加入糖，用电动打蛋器低速打至糖融化芝士糊呈膏状。

5．打入一枚蛋，低速打至蛋与芝士完全融合后，再加入第二枚蛋。最后芝士糊呈色拉酱状，细腻无颗粒。

6．倒入淡奶油，用手动打蛋器搅拌均匀。

7．倒入枫糖浆，用手动手蛋器混合均匀。

8．将芝士糊倒入之前铺了饼干底的模具内，轻轻顿几下磕去内部气泡。烤箱提前10分钟160度预热，将模具放入烤盘，在烤盘里倒入热水，水浴烤60分钟。让蛋糕在烤箱内降至室温后取出，放冰箱冷藏四小时后脱模，做表面装饰。吃时再淋上些枫糖浆更美味。

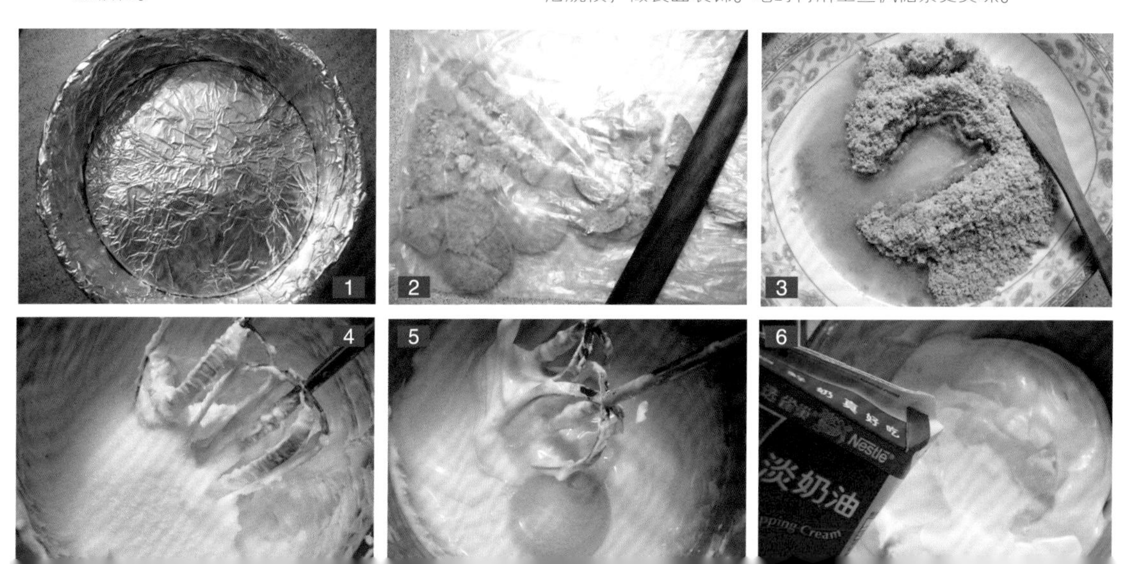

7

8

枫糖浆介绍

加拿大的糖枫树，树汁含糖量极高，熬制成的枫糖浆，也是加拿大最有名的特产之一。目前全世界百分之七十的枫糖制品集中在魁北克。这种枫糖浆香甜如蜜，风味独特，富含矿物质，是很有特色的纯天然的营养佳品，据说能养颜美容，还能减肥，深受欢迎。

在1600年前后，已经开始有关于“印第安糖浆”的记载：印第安人首先发现了枫树液，并用“土法”在枫树干上挖槽、钻洞采集枫树液。当时的“印第安糖浆”就是今天的“枫树糖浆”的前身。枫糖含有丰富的矿物质、有机酸，热量比蔗糖、果糖、玉米糖等都低，但是它所含的钙、镁和有机酸成分却比其他糖类高很多，能补充营养不均衡的虚弱体质。枫糖的甜度没有蜂蜜高，糖分含量约为66%（蜂蜜含糖量约79%-81%，砂糖高达99.4%）。

蔻蔻心得

1. 我用饼干底全部包住了蛋糕。如果只想铺在蛋糕底部周边不用，那么饼干和黄油的用量要减半。如果觉得饼干面团偏干，可以稍加一小勺牛奶调软些。

2. 芝士蛋糕水浴时间在一小时左右，冷藏后口感较细腻软糯，若喜好更扎实的口感，可再多烤20-30分钟。

真柔嫩

香橙豆腐蛋糕

亚亚一岁半生日时，我给她做了这只“香橙豆腐蛋糕”庆祝。

这款蛋糕吃起来嫩极了，入口即化。大豆香混着芝士的乳香很吸引人，夹心层是用现榨的香橙做成的果冻，酸甜适口。整款蛋糕切开后，无论是颜色、层次、口感我都很喜欢，清爽柔软，很有小女生的清新气质。

之所以选用这三种原料，是因为豆腐和芝士都是补钙上品，香橙又富含丰富的维C，具有公认的美白功效。本来按慕斯的常用制作手法里应该配上打发淡奶油，但是在做好豆腐芝士糊以后，我试吃了一下，豆腐味道太讨喜了，混进淡奶油肯定会冲淡的，我果断取消了淡奶油的加入。最后结果说明我的这个决定是非常正确的！

装饰方面，在蛋糕上用抹茶粉撒出花纹，绿配白也很干净，花纹有天鹅绒的质感。切了点橙子片在周边围了一圈带出点纪念日的欢乐感，这样整体效果看起来淡雅清爽，我蛮喜欢。只是橙子有点大，要是再橙子再小点，切片小巧些就更理想了。

祝亚亚一岁半生日快乐！我可爱的宝贝！

■ 原料 ◀ ◀

奶油奶酪200克、南豆腐300克、中号橙子2只、吉利丁3.5片、糖70克、小蛋糕3只

■ 做法 ▼ ▼

1. 慕斯圈底部用保鲜膜包紧。

2. 慕斯圈底部垫个盘子，将小蛋糕片成厚约半公分的薄片，平铺在慕斯圈里备用。

3. 吉利丁分成1.5片和2片，分别提前15分钟用冷开水泡软。橙子取出果肉和果汁。

4. 用一只内径小于慕斯圈约1公分的盘子，用保鲜膜包住表面备用。

5. 在橙子果肉和果汁里加入20克糖，用电动打蛋器把果肉打碎成果泥且糖融化。泡软的吉利丁片控干水分，分别隔热水融化。将1.5片量的那份吉利丁液加入橙子果泥中混合均匀。

6. 倒在包了保鲜膜的盘子里，放冰箱冷藏至凝固备用。

7. 50克糖倒入奶油奶酪中，隔热水软化。

8. 用电动打蛋器低速搅拌至糖融化，奶酪呈膏状。

9. 南豆腐过筛碾成蓉。

10. 与芝士糊用打蛋器混合均匀至细腻无颗粒。

11. 取两汤匙量的豆腐芝士糊，加入2片份量的吉利丁液体中混合均匀。

12. 再加入约1/3量的豆腐芝士糊混合均匀，回倒入剩下的豆腐芝士糊中完全拌匀。

13. 将拌匀的豆腐芝士糊倒约1/3的量在铺了蛋糕片的模具中，将表面抹平整。放冰箱冷冻5分钟左右至凝固后取出。

14. 从冷藏室中取出已经凝固的橙子果冻，用手托住小心揭去底部的保鲜膜，将橙子果冻片放在已凝固的豆腐芝士表面，在模具内壁之间留约1公分左右的空隙。

15. 将剩下的豆腐芝士糊轻倒在果冻周围及表面，直至与模具齐平。

16. 轻托住模具底托，将模具轻磕几下至排出内部大泡，再用长刀将表面挤平整，放冰箱冷藏两小时左右至凝固，脱模装饰。

焦糖南瓜蛋糕

亚亚17个月时，给她做了个“焦糖南瓜蛋糕”，选这个品种，因为也快到万圣节了，算是应个景。我更喜欢万圣节的另一种意义——赞美秋天的节日。

这只蛋糕的装饰灵感，来自于孩子们在万圣节里提着南瓜灯笼挨家挨户讨糖吃的游戏，打扮成小鬼精灵模样的小朋友们会威胁着“不给糖吃就捣蛋”。既然这样，那我也乖乖地在蛋糕上摆满可爱的小星星糖果，再用小蛋卷做围边，扎上同南瓜一样金色的蝴蝶结。我家亚亚看了高兴得指着又笑又叫，希望其他小朋友们吃了，也不许再“捣蛋”啦！

奶油焦糖酱也被称为“太妃糖酱”，这是因为与制作太妃糖在原料和程序上大致相同，包括味道也基本一致。做起来其实相当简单，只要记住淡奶油和糖的比例是1:1，至于水的量，只要能把糖打湿再最多没过半毫米左右即可，煮到能闻到香香的焦糖味，看到糖浆变成淡琥珀色（喜欢焦糖味重的可以再熬颜色深一点），就可以马上关火加入淡奶油了。一定是要加热的淡奶油，否则焦糖浆遇冷就会结块了。

我喜欢买大罐的淡奶油，这样更经济，开封之前想好要做什么点心，剩的正好可以做奶油焦糖酱，也不用怕奶油开封时间太长（1周以内都可以的），因为反正也要经过高温这一程序杀菌。而且打发失败的淡奶油也可以加热以后用于做奶油焦糖酱，不必担心浪费了。

■ 原料 ◀ ◀

焦糖酱用量：淡奶油100克、砂糖100克、清水1汤匙

慕 斯 用 量：南瓜蓉300克、淡奶油250克、吉利丁片3片、焦糖酱30克、细砂糖40克、小蛋糕3只

■ 奶油焦糖酱做法（可参考本书中“焦糖香蕉冰激凌”第181页相关内容）▼ ▼

厚底奶锅中倒入细砂糖、水（水量以刚没过糖为标准），小火慢慢熬至水分挥发，锅内出现鱼眼状糖泡沫，散发出焦糖香味，并呈深琥珀色，关火。淡奶油预先单独加热至烫手，然后倒入刚离火的热焦糖中，此时会有大量泡沫产生并容易喷溅，注意不要被烫到。

注意事项：

1. 熬焦糖的时候，水只要刚没过细砂糖即可。全程用小火静置熬制，不要用勺子去搅动，否则会翻砂失败。

2. 喜欢吃焦味重的就熬成深红色，焦糖离火后由于锅内部温度还很高，所以糖浆会进一步焦化，自己要控制好火候不要弄得过焦，会发苦。

3. 熬过焦糖的锅可以放一些水，盖上湿毛巾再重新煮一下，粘在锅上的糖块会融化在热水里，很容易洗掉了。如果锅子小，直接放在大锅里用热水煮也能清理掉。

4. 这次的蛋糕里奶油焦糖酱只是用了一小部分，剩下的用瓶子密封好冷藏保存起来，抹面包、浇冰激凌都相当美味！

慕斯蛋糕馅料做法

1．慕斯圈底部用保鲜膜包紧，在外部垫个盘子，将小蛋糕片成厚约半公分的薄片，平铺在慕斯圈里备用。

2．南瓜去皮和籽，将籽周围的丝络刮干净，蒸20分钟左右。用筷子能轻轻扎透即可。倒入盆中，趁热用橡皮刮刀或勺子细细压成南瓜泥。

3．淡奶油从冷藏室取出后，加入30克糖，用电动打蛋器中速打至浓稠并出明显花纹即可。

4．吉利丁片提前15分钟分用冷水泡软控干，隔热水化成液体后，降至室温并保持液态。将奶油焦糖酱倒入南瓜泥中拌匀。将1/3量的吉利丁液体与1/3量的打发淡奶油混合均匀备用。

5．取2/3量打发好的淡奶油，与南瓜泥混合均匀，然后加入另外2/3量的吉利丁液体并拌匀。

6．在已铺了蛋糕片的模内倒入一半量的奶油南瓜糊，抹平整（黄色南瓜层）。再将掺了吉利丁液的打发淡奶油装入裱花袋里，轻轻挤在南瓜糊表面（白色奶油层）。最后将剩下的南瓜糊轻铺在奶油层上，并抹平整（黄色南瓜层）。

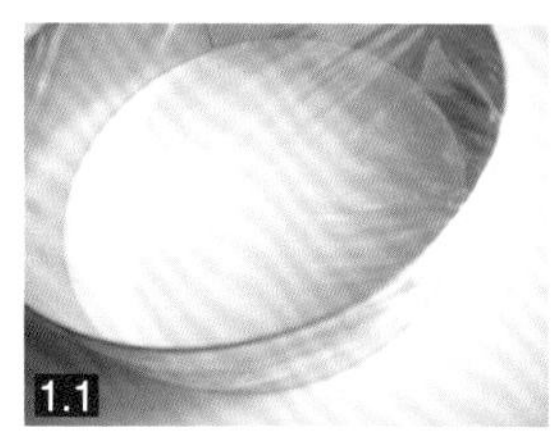
1.1

1.2

2.1

2.2 3.1 3.2 4.1 4.2 5.1 5.2 6.1 6.2

6.3

蔻蔻心得

这只蛋糕还是有遗憾，当时急着做完了哄亚亚睡觉，直接用小勺来混合奶油和南瓜蓉，能看出细细的淡奶油颗粒，要是用打蛋器再拌一下就好了。做点心真是粗心不得啊。

补钙的哟

抹茶乳酪蛋糕

有次杂志约稿，主题是说说奶酪的好处，再设计秋天款适合孩子吃的蛋糕。。

奶酪含有可以保健的乳酸菌，但是浓度比酸奶更高，营养价值也因此更加丰富。奶酪还含有丰富的蛋白质、钙、脂肪、磷和维生素等营养成分，是更浓缩的牛奶，可以帮助孩子骨骼与肌肉的成长。

奶酪还是含钙最多的奶制品，而且这些钙很容易吸收。就钙的含量而言，250毫升牛奶=200毫升酸奶=40克奶酪。英国牙科医生认为，人们在吃饭时吃一些奶酪，有助于防止龋齿。吃含有奶酪的食物能大大增加牙齿表层的含钙量，从而起到抑制龋齿发生的作用。

奶酪的这么多好处，真是让做妈妈的我心动，加到做给宝宝的慕斯蛋糕里，好吃又有营养。给孩子选做慕斯蛋糕还因为这类蛋糕软软、嫩嫩、滑滑、甜甜、香香，入口即化。妈妈做好以后，可以根据小朋友的食用量切成小份，冻在冰箱里，吃之前提前取出一份来室温化软就行了，方便保存，也不会浪费。

设计的这款“抹茶芝士蛋糕”有淡淡的绿色和绿茶香味，配上白色的巧克力花朵叶子和明艳的橘子瓣，希望小朋友能喜欢啊。

原料

奶油奶酪200克、淡奶油200克、细砂糖70克、吉利丁片2片、牛奶60毫升、抹茶粉3克、蔓越莓30克、小蛋糕3只

装饰原料：树叶、白巧克力、橙子瓣

做法

1. 慕斯圈底部用保鲜膜包紧，在外部垫个盘子，将小蛋糕片成厚约半公分的薄片，平铺在慕斯圈里备用。

2. 吉利丁片提前10分钟在冷水中泡软，捞出控水备用。蔓越莓用冷开水泡软。

3. 40克糖倒入奶油奶酪中，一起隔热水用电动打蛋器低速搅拌至糖融化，奶酪呈膏状。

4. 牛奶煮热后（不必煮沸腾），加入抹茶拌匀，趁热加入泡软并控干水分的吉利丁片，轻轻拌至吉利丁片融化。将吉利丁抹茶牛奶倒入奶酪糊中拌匀。

5. 淡奶油从冰箱冷藏室取出，加入30克糖，隔冰水用打动打蛋器中速打发至淡奶油变浓稠，并出现明显花纹，呈色拉酱状。

6. 先取1/3量的打发淡奶油与奶酪糊轻轻拌匀，再将剩余淡奶油加进去拌匀。加入泡软并控干水分的蔓越莓拌匀。

7. 倒入铺了蛋糕片的慕斯圈里，用刀轻轻抹平表面，放冰箱冷藏一小时左右至凝固。脱模后用白巧克力叶片及橙子瓣装饰即可。

■表面白巧克力花朵及叶片做法▼▼

将白巧克力隔水化成液态后，倒入花朵模具中，放冰箱冷藏至凝固后脱模。将液态白巧克力轻轻刷在新鲜树叶的背面，多刷两次增加厚度，待完全凝固后，轻揭开即可。

5.1 5.2 6.1 6.2 7.1 7.2

两吃的，谁不爱

巧克力雪糕

其实做冰淇淋也不难，就是每隔几小时就打松一次有点儿麻烦。记得我博客里发表草莓冰淇淋的时候，就有朋友问我“没有电动打蛋器能做么”，我想了想觉得这事儿不太靠谱。

冰淇淋里必须要有一定比例的空气成分才能体现出轻盈的口感来，这种空气的填充就是靠电动打蛋器的搅拌带进去的。冻得半硬的冰淇淋用手动的蛋抽子根本打不动。

这款“巧克力雪糕”倒是可以解决工具的问题。雪糕与冰淇淋不同，它的口感偏密实，耐嚼，可以拿着满街走。最主要的是不需要进行打发，可以说是制作方法最简单的冰品。

这“巧克力雪糕”可以两吃。工具超简单、做法超容易，冷藏四小时以后口感像极了巧克力慕斯的顺滑，冷冻三小时以后吃又是雪糕。

这两吃的香浓凉爽的巧克力味甜品，大人孩子都欲罢不能，谁不爱?

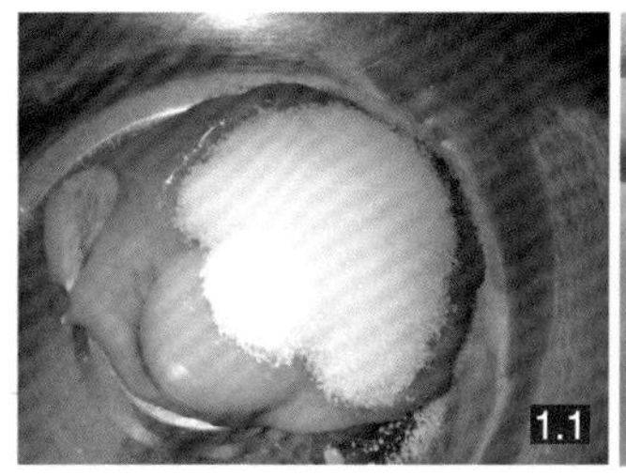

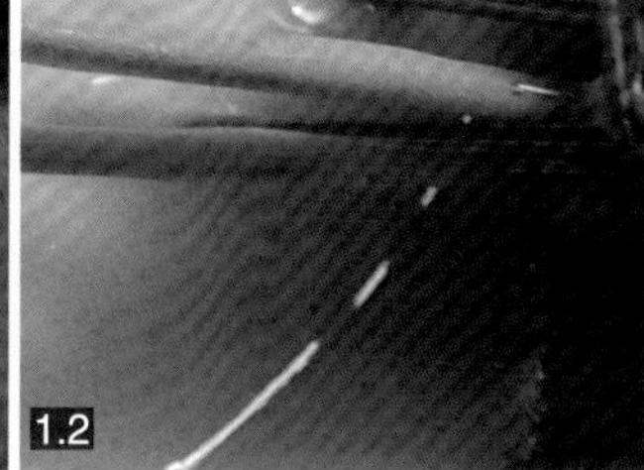

■做法▶ ▶

1. 碗里放入蛋黄、糖，用手动打蛋器把糖搅打融化呈淡黄色。

2. 厚底奶锅里放入牛奶、淡奶油，小火煮至刚刚沸腾立即关火。降温至不是特别烫手，温度在70度左右。

3. 将奶液徐徐冲进蛋黄液里，边倒边快速划圈搅拌散热。这样做是为了避免蛋黄过热烫成蛋花。

4. 将蛋奶液回倒入奶锅里，小火加热变得稍稠，用木勺子沾了液体可以划出线即可马上关火，千万不要煮开成蛋花汤。

5. 将切碎的巧克力倒入热奶液里融化，混合均匀后用茶筛过滤，待凉后分装进高脚杯，封上保鲜膜，放冰箱冷冻三小时后即可。

■ 原料 ▼ ▼

大号蛋黄两个（约40克）、细砂糖20克、牛奶200克、淡奶油50克、巧克力65克

香酥不停嘴

芝麻肉松饼干

每次买到很好的肉松，老想着要是加进点心里，肉松面包啦、肉松蛋糕卷啦、肉松饼干啦……于是捣鼓了这款饼干，果然又香又酥，还不是太甜。饼干里加入酥油，入口即化，吃着欲罢不能。

后来我想，如果这个配方改成咸口，去掉一半的糖量，加点儿海盐，来点儿海苔，再来点儿香葱，应该也挺香的哈。

对了对了，还可以煸点儿培根碎加进去，啧啧啧……

原料

低筋面粉125克、糖粉50克、肉松30克、熟芝麻20克、黄油45克、酥油45克、全蛋液15克

1.1

做法

1. 低筋面粉、糖粉混后过筛，与肉松、芝麻拌匀。

2. 加入室温软化的黄油、酥油、蛋液，用手抓揉均匀，揉成团包保鲜膜，放冰柜冷冻半小时至硬。

3. 取出面团，擀成1cm左右的薄片，用饼干模压出花型，放在垫了油纸的烤盘上，撒上芝麻(边角料可重新压成薄片再压模）。烤箱提前150度10分钟预热，将烤盘放在烤箱中层，烤约20分钟。

1.2

2.1

2.2

3.1

3.2

蔻蔻心得

1. 想要强调饼干类的酥性，可按黄油与酥油1:1的比例来操作。

2. 饼干尺寸与形状最好统一，为了保证成品效果，最好用低温慢烤的方式操作才保险。

3. 饼干要等彻底凉后才会变酥脆。如果凉后还有点软，可用120度左右再回炉10分钟。

这款之所以叫“乳酪紫薯船”，是因为采用了船形的挞模。船形挞模常见到是用在柠檬挞上。六七年前就买了，一直没有用过，直到前两天无意间翻出来，才重让它们上岗。我对各种模具是很花心的，见一个爱一个，买那么多，可忙起来又把它们忘到脑后了。

记得《精品购物指南》某次给我的采访提纲里有条：“给想开始学习烘焙的姑娘们一个建议”，我的回答是：购买烘焙用品不要贪多贪花哨，一模多用才是最适合的。等修炼到一定级别以后，再去讲究专模专用。

以上建议，是我在堆满了一只一米八高的双开门大柜、压变形了一只一米多宽的宜家两屉柜子、塞爆了N个小柜以后，还有许许多多烘焙物件无处可放，仰天长叹而得出的肺腑之言。别的女人柜子里永远缺少一件合适的衣服，而我却是永远缺少一个巨大的烘焙储藏间。

先生不止一次对我说“别再买模具了”，而我只能回答“臣妾做不到啊”！

望各位喜爱烘焙的姑娘们以我为戒。

被遗忘的模具

乳酪紫薯船

原料（船形挞模可做12–15只）

混酥面皮300克（做法参见“菠萝紫薯派”见075页）、熟紫薯120克、奶油奶酪150克、淡奶油100克、细砂糖40克、蛋1枚

做法

1. 将混酥面皮从冷藏室取出后，分切成重约20克左右的小块，擀成厚约0.3公分的椭圆形，用面粉铲从底部轻轻铲起，平铺在船形挞模内。

2. 用手快速轻轻将面皮与模具内部进行贴合后，用小刀将多余面皮切去。将所有的模具都处理好后，放冰箱冷藏备用。

3. 熟紫薯放在保鲜袋里用擀面棒压成细蓉。奶油奶酪中加入糖，隔50度左右的热水搅打至糖融化，奶酪细腻无颗粒呈光滑的色拉酱状，加入紫薯泥略拌。

4. 加入鸡蛋细致地混合均匀后，加入淡奶油拌匀。从冷藏室取出挞模，将内部用叉子扎眼。乳酪紫薯馅料装在一次性裱花袋里，挤满挞模。

5. 烤箱提前10分钟150度预热后，将放了挞具的烤盘放在烤箱中层，同样温度先烤15分钟，再将温度调至130度烤15分钟，看挞皮边缘微微变黄即可，待凉后用大拇指在挞模尖角处轻推就能轻松取出，可撒上糖粉装饰。

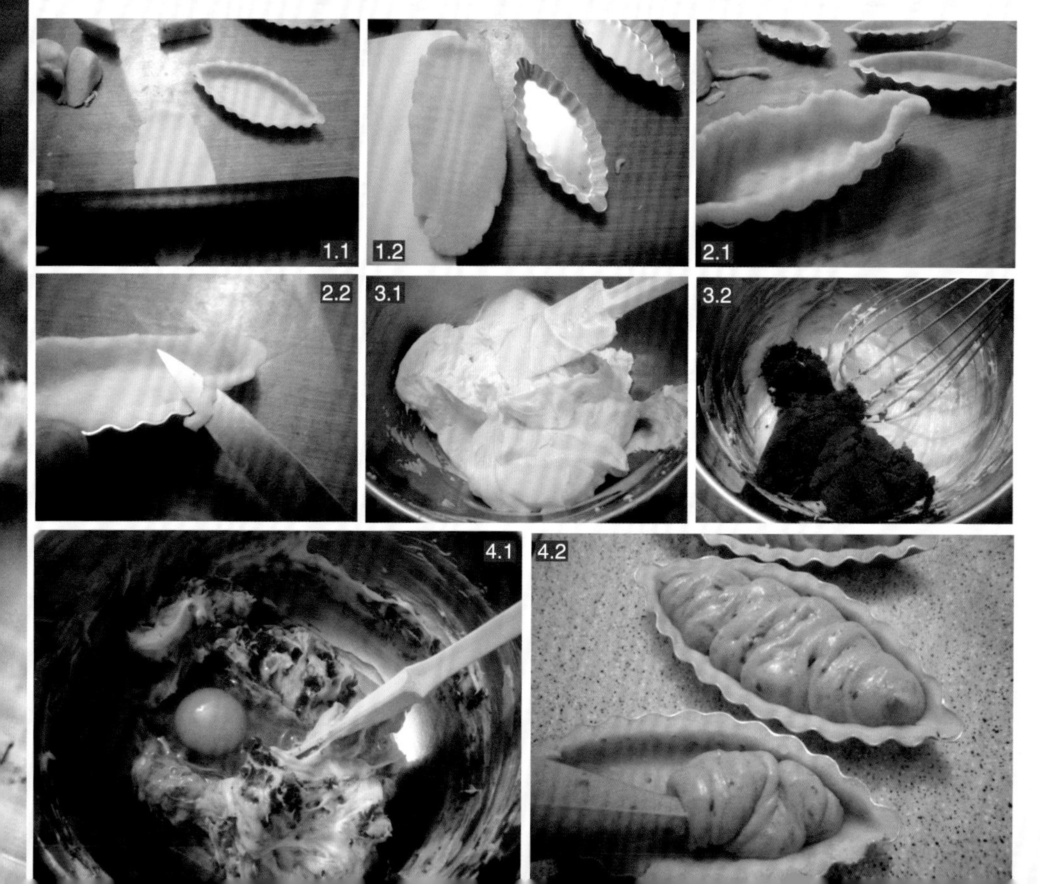
1.1 1.2 2.1 2.2 3.1 3.2 4.1 4.2

老少咸宜

柠檬小蛋糕

玩烘焙这么久，要说什么人的口味最难调和，莫过于父母这一辈。不管我们做过多少蛋糕品种，在他们心中都不算，只有那种像生日蛋糕的软软喧喧的、有面粉的才能称之为“蛋糕”，这么一归类，只有戚风蛋糕、海绵蛋糕以及各种玛芬和杯子蛋糕了。

我家情况尤为特别，妈妈从来不吃蛋奶类的食物，而且要控制血糖，所以对我做的点心一般只是用目测来进行评判，只有“好看”和“不好看”之分。这颇让我耿耿。这其实对我也是个促进，如果做出让老妈都说好的点心，那岂不是能大小通吃、人见人爱?

对烘焙爱好者而言，一旦得心应手，往往都喜欢往高精尖的路子上走，挑战自我是大家共同的爱好，这往往容易忽视了一些看起来相当简单，但长期以来很受欢迎的口味，比如这款酸甜松软、充满柠檬芬芳的“柠檬小蛋糕”。

“柠檬小蛋糕”参考了台湾陈明理老师的配方，做法非常非常简单，三言两语就能说明白，我觉得作为烘焙新手的第一堂西点课绝对适合，也能让新手自信满满。

家庭DIY西点的优势就是一切以自己的口味爱好为出发点，看到喜欢的配方，在合理范围内都可以进行修改。我在陈老师的基础上又进行了改动。

首先我把配方中所有量都减半，事实证明减半后的份量是20-22个，家庭聚会这个量合适了。原配方中用到的黄油是液态的，我用同样是液态的色拉油直接替代，还免去了隔水加热黄油的步骤。糖量变成只有60克，正在减肥的朋友也可以改成40克。我极喜欢柠檬的香味和酸度，在调整配方的时候，特地加大了量，比如原配方的柠檬汁用量是半只，但是我给加大到了3/4只，还添加了原配方中没有的柠檬皮，这样不但口感更丰富，也能提升蛋糕的香味特质。最后，出于美观考虑，我还用了点儿漂亮的樱桃干，效果不错。

经过我这么一修改，原本属于重油重糖类的蛋糕变得轻盈起来，黄油和大量的糖所带来的负罪感大大减少。烤出来以后就能趁热吃，不用等回油，酸甜松软中夹带着浓浓的柠檬味道，让人感觉非常清爽清新，全家人都极为喜爱，尤其获得了老妈的欢心，亚亚也一下子干掉了两只。

很满意自己改动出来的这款“瘦身版柠檬小蛋糕”，老少咸宜。把它送给第一次做蛋糕的朋友们，一定可以让你顺利出品，就等着享受烘焙带来的成就感吧!

原料（20-22只菊花小挞模的份量）▶▶

低筋面粉100克、色拉油125克、细砂糖60克、鸡蛋2枚、无铝泡打粉1/4茶匙、柠檬3/4只、樱桃干适量

做法◀◀

1. 色拉油倒入料理盆里，擦入柠檬皮（只用黄皮，白色部分发苦不能用）。将柠檬汁挤在一只小碗里备用。

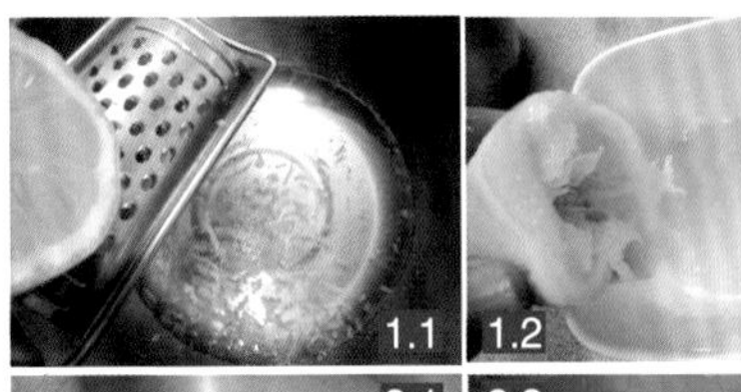

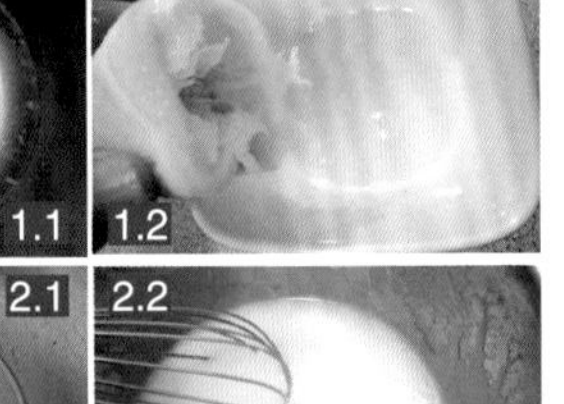

2. 料理盆中接着放入糖和鸡蛋，用打蛋器搅拌均匀呈乳化状。

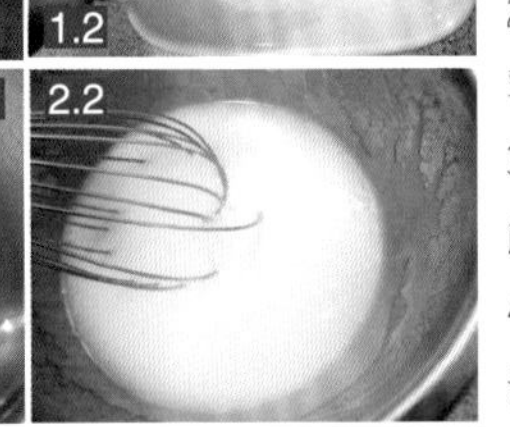

3. 加入柠檬汁快速拌匀后，倒入提前混合并筛过的低筋面粉和泡打粉，用手动打蛋器拌匀至没有面粉颗粒。

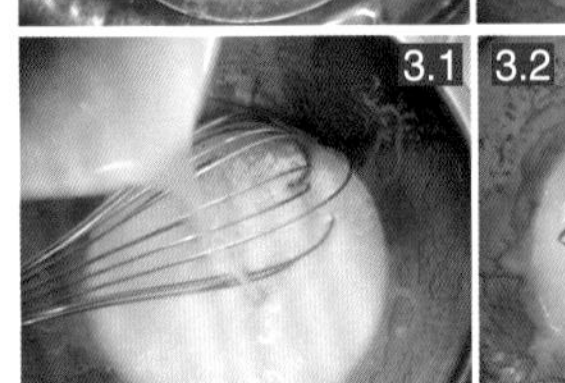

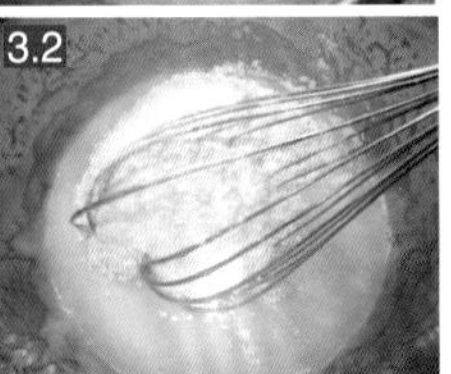

4. 此时的面糊浓稠度如照片所示，用打蛋器舀起后流淌在盆中时会出现叠加的痕迹。

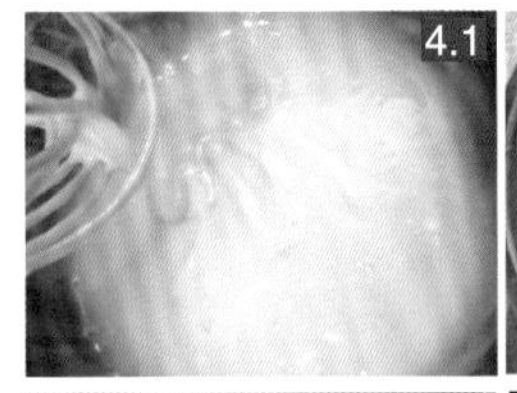

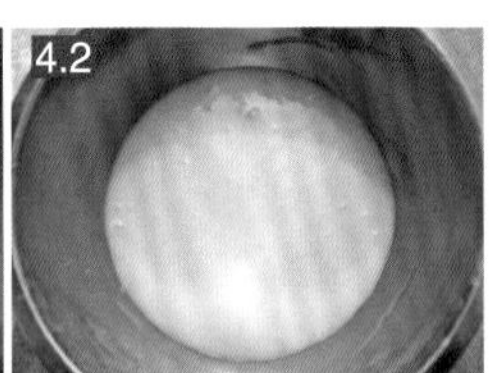

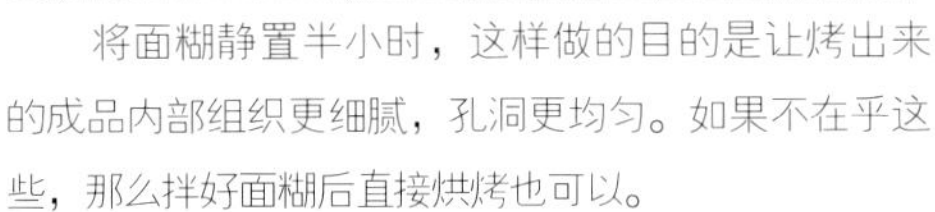

将面糊静置半小时，这样做的目的是让烤出来的成品内部组织更细腻，孔洞更均匀。如果不在乎这些，那么拌好面糊后直接烘烤也可以。

5. 将一次性硬箔菊花小挞模放在烤盘中，在模子里放入樱桃干，将蛋糕面糊用汤匙倒入模子至8分满。表面再放适量的樱桃干。烤箱提前15分钟190度预热后，将烤盘放在中层，同样温度烤12分钟即可。

蔻蔻心得

1. 柠檬汁的量也可以调整为半只，但不要再增加，否则配方中水分的含量就过大了。
2. 普通蛋挞模也可以代替菊花蛋挞模。

误打误撞 杏仁核桃布朗尼

有很多甜点的诞生都和“误打误撞”、“忙中出错”、“灵机一动”脱不了干系。

布朗尼（Chocolate Brownie）是美式蛋糕的代表之一，起源于十八世纪，据说也是当时一位黑人胖嬷嬷“忙中出错”的作品，但是它的香浓独特却引来了一致喝彩。现在它是美国家庭中最常见的自制甜点。国外几乎所有的家庭烘焙书，尤其是亲子烘焙书里，总会有布朗尼的篇幅，可见其做法有多简单。

从字面上能看出，布朗尼的主料是巧克力，必不可少的配角是核桃。它属于重油重糖类的蛋糕，但又更偏扎实，一般都烤成扁平状再切成块，配着红茶或咖啡很是美味。

布朗尼能在原有配方上变出不少花样，比如巧克力淋面布朗尼、大理石花纹布朗尼、双层芝士布朗尼、摩卡布朗尼、白朗尼、果酱布朗尼等等，花点小心思加入不同的配料就能有不同的欣喜。

因为喜欢坚果，在做的时候加了杏仁碎。我喜欢略松软些的口感，加了少许泡打粉，不过，大多数布朗尼爱好者喜欢不加泡打粉的扎实，这个可按自己喜好决定。

材料（24块）

黄油100g、糖80g、黑巧克力70g、蛋2枚、低粉70g、杏仁碎60g、泡打粉1/4茶匙、整片核桃24枚、糖粉适量

做法

1. 巧克力隔热水融化成液态，降温至36度左右备用。
2. 黄油提前两小时室温化软，放入搅拌机缸中，加入糖。
3. 中速打至乳白色。
4. 加入巧克力液继续打匀。
5. 蛋液分五次加入巧克力黄油糊中打匀。
6. 筛入低筋面粉和泡打粉，用橡皮刮刀拌匀。
7. 加入杏仁碎拌匀。
8. 用勺子将蛋糕糊分装进迷你布朗尼模具中至八分满，将模具放在烤盘中，在台面上轻顿几下去掉内部的气泡。表面用整片的核桃装饰(提前浸湿)。烤箱预热180度预热后，将模具放在烤箱中层，180度烤10分钟后，改160度烤3分钟。

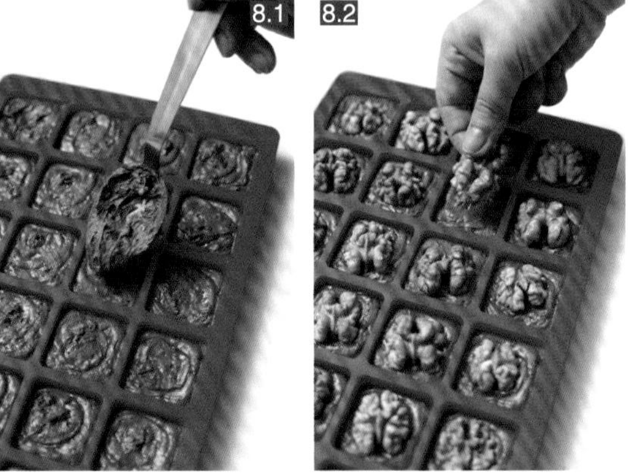

番茄怎么吃我都喜欢，除了“番茄炒鸡蛋”。我也说不明白这能将1岁至100岁，不男女老幼一网打尽的菜式，怎么到了我这儿就不受待见了呢？唉，说起来委屈啊，因为我不爱吃炒鸡蛋，连带着里面的番茄都不爱了。

说说我喜欢的番茄菜式：罗宋汤（这个不必说了，想起来就流口水，做得再差我都能吃得盆干碗净，有点儿剩还泡了米饭或是拿面包抹干净）、芝士焗番茄、番茄炒花椰菜、番茄黄瓜汤（多加香菜）、番茄拌砂糖（哎哟，这要是大热天从冰柜拿出来那可打嘴巴子都舍不得放手啊），还做过番茄戚风蛋糕，松软香甜带着微微的果酸，很对味。

西红柿生吃好还是熟吃好，要看你偏重它哪方面的营养成分。

西红柿号称“天然维生素C仓库”，含有丰富的维生素C，生吃可抑制皮肤内酪氨酸酶活性，有效减少黑色素形成，使皮肤白嫩，黑斑消退。其所含番茄红素属于脂溶性维生素，需要与油脂混合后才能被人体所吸收，起到很好的软化血管、提高免疫力、抗自由基的作用。我的这只“葡萄干番茄面包”面包自然属于后者。

如果只在面包里加入番茄汁，味道会偏淡，我用了番茄膏，它比事先调过味道的沙司要更稠更纯粹些。番茄膏本身带有一定的水分，我对配方中的水量微调了一下。一般来讲面团受地区空气中温度和湿度的影响较大，而且机器在揉的过程中也会有微量的水挥发，因此我配方里的水量只是个参考，可按自己实际情况进行调整。

这硕大鲜艳番茄味十足的面包十分有气势，切一块尝尝，混杂着葡萄干的甜美和朗姆酒的香气，刚出炉时表面那层撒了厚厚砂糖的面包皮，又甜又脆，第二天会就会融化成糖浆状。密封起来也可以室温保存一周。妈妈比较喜欢吃带点酸味道的面包，这只有着天然的番茄酸味，倒是合了她的口味。

酸甜味的功效面包

葡萄干番茄面包

原料

高筋面粉500克、番茄膏200克、葡萄干120克、砂糖60克、牛奶110克、盐8克、蛋2枚、酵母粉8克、黄油40克、蜂蜜适量、装饰用砂糖适量

做法

1. 葡萄干提前1小时用朗姆酒泡软，捞出控干备用。
2. 黄油提前1小时室温化软。
3. 鸡蛋打散成蛋液后，加入番茄膏混合均匀。
4. 面粉、糖、盐、酵母倒入搅拌机的容器中慢速搅匀。
5. 加入番茄膏蛋液、温牛奶。
6. 用搅拌机的中速搅拌成团。
7. 待面粉略能成团后，加入软化黄油。
8. 搅拌至面团出筋，轻扯开面团后可出现半透明薄膜。

9．将揉好的面团盖上干净湿布，放至温暖处发酵至两倍大。

10．将发酵好的面团取出轻按扁排出气体，擀成长方形。

11．在表面撒上泡好的葡萄干，边缘留出约2公分空白。

12．将面团卷起，底部捏紧收口。

13．放入萨瓦林模具中，面团两头连接处捏紧收口。

14．将干净湿布盖在模具表面，放温暖的地方（38–40度）二次发酵至模具7–8分满。

15．烤箱提前10分钟165度预热后，将面包放在烤箱的中下层，同样温度烤45分钟。烤好后倒出立刻脱模，趁热抹上蜂蜜，撒上砂糖做装饰。

11

12

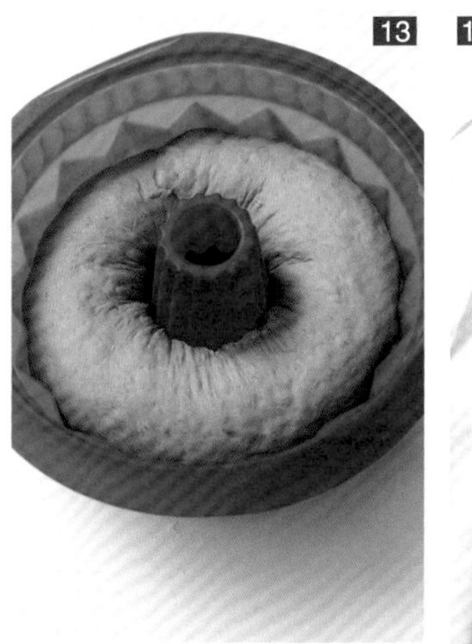
13

14.1

14.2

15.1

15.2

零凝固剂纯天然

山楂糕

节日扎堆的日子里，我会自己做点儿山楂糕放冰箱里随时准备着，哪天吃积食了凉凉地来上一块生津开胃。我做山楂糕一律不用琼脂、洋菜、吉利丁这些凝固剂，利用山楂本身的食物特性再加上麦芽糖，就能做出零添加纯天然的山楂糕来，而且一点儿都不粘手，完全可以直接拿着吃。

红艳艳的山楂富含果胶，本身就有很好的凝固作用，而且果胶是一种水溶性的膳食纤维，不但有利于清脂减肥，还能积极地促进肠蠕动防止便秘。山楂对于积食和胃酸不足的朋友很有帮助，可空口吃还是偏酸且容易倒牙，做成山楂糕吃起来美味又方便。不过，山楂有活血的作用，孕妇们，尤其是孕早期最好不要吃，胃酸过多的朋友也不适合吃。山楂中的酸性物质对牙齿具有一定的腐蚀性，小朋友吃完以后妈妈让得要让他们漱口、刷牙。

麦芽糖是用大米与大麦芽一起制作而成的，能增加食品的色泽，且甜度较低，可

以代替部分蔗糖，同时麦芽糖也具有滋润止咳的作用，而且也有一定的凝固性，也让这款山楂糕有了开胃润肺的双重功效。制作时加入柠檬汁可以保持山楂的色泽明亮，在最后撒入干桂花可以增添香气。

和戴军、滕峰一起录美食节目《健康食尚家》时，有一期的主题是秋冬养胃，我做的就是用这款山楂糕，来应对秋冬积食造成的消化不良问题。在录制时，整个制作过程不加一滴水，能让做出的山楂糕味道更浓郁。需要注意的是，由于山楂这类水果酸性较大，不适合用铁锅或是金属锅来制作，最好用砂锅、搪瓷锅、可用于明火的玻璃锅。

酸酸甜甜又红又香的纯天然山楂糕，做起来很简单，不加任何凝固剂，吃起来更加安心。

■ 原料

新鲜山楂2斤、柠檬半只、冰糖100克、麦芽糖80克、干桂花10克

■ 做法

1．将山楂拦腰剖开后取出籽，再去掉两头的结蒂。

2．挤入柠檬汁拌匀，防止山楂氧化。

3．将麦芽糖、冰糖一并加入。

4．小火慢煮至山楂出水、冰糖和麦芽糖融化。并用勺子不停划圈搅动，以免糊锅。

5．煮至山楂水分重新挥发完，锅内变浓稠（用勺子在底部划一道后，山楂并不马上并拢），关火。

6．立刻撒上干桂花，并迅速盖上盖子，焖5分钟，让桂花香气趁热渗入山楂酱中。

7．焖出桂花香后，趁热将熬好的山楂用食物料理机打成细腻的酱状。

8．用少许色拉油将饭盒内部抹上薄薄一层。

9．将打好的山楂酱倒入玻璃饭盒中，并用勺子将表面抹平整。

10．用盖子密封，放冰箱冷藏两小时至凝固后取出，倒扣出来，切块即可。

自己先幸福起来

彩色冰皮月饼

有一年的中秋节那天很热闹，旅游卫视《美味人生》播我做“冰激凌月饼”，紧接着六点多河北卫视《家政女皇》又播我做的“冰皮月饼”，爸妈手里遥控器调来调去找我，兹当是个乐子。据那两期节目的编导后来说，收视率都不错。

广式的、苏式的、冰激凌的、冰皮的，对于新手而言，这些品种里，冰皮月饼是最容易上手的，自己不会做馅料还可以买现成的。在家做个冰皮团就能玩花样了。现在网上有卖冰皮月饼预拌粉，可这些原料在超市里都很容易买到，完全可以自己配制。做冰皮月饼不比搓汤圆更复杂，包过几个能就能上手，需要的无非就是耐心和创意。

把这几年来做冰皮月饼的心得记录如下。

配方：

冰皮月饼要用到糯米粉、粘米粉、澄面。糯米粉和澄面超市基本都能买到，澄面也是做虾饺使用的，烫熟或蒸熟以后呈透明状。粘米有时不太好买，我曾试着把粘米粉的份量平分给糯米粉和澄面。比如60克的粘米粉，那我就用30克糯米粉和30克澄面代替，吃起来也还好。

冰皮月饼用到的液体主要是牛奶和色拉油。可以用水代替牛奶，味道会清淡很多。最好用色拉油（即食用调和油），尽量避免使用花生油、橄榄油这类带有自身物色味道的油类，以免抢味。有的配方是用溶化的黄油，我不是太喜欢。一是因为冰皮面团颜色会偏黄，二是觉得会比较腻。而且用了黄油的冰皮月饼冷藏以后会变硬，这是因为黄油遇冷凝固的原因。

蒸制：

液体最好是分次加入粉类混合，这样就不会有小结块。混合好的面糊非常非常稀，感觉像液态的酸奶。这是正常现象，面糊在蒸了以后就会形成固体。

很多冰皮制作教程，都提到蒸到一半时间时，要用筷子搅拌一下再蒸，目的是受热更均匀，同时让油份混合得更均匀。但是我自己在操作的时候感觉挺不方便的，在热气腾腾的锅子上搅拌实在是费事。我给改成直接把面团完全蒸熟后再取出，中间不搅拌。蒸之前在面糊盆表面蒙上保鲜膜，可以避免蒸制过程中的水汽落入面糊里，否则水汽会加大面糊的水分含量，给操作带来难度。

蒸好后的面团表面浮着一层油，不用担心。等晾到不是特别烫手，可用手把油轻轻揉进面团中，这个过程需要三五分钟。面团揉好后若暂时不用，放密封性很好的保鲜盒里，冰箱冷藏一两天内用完。冷藏过的冰皮面团可塑性会变强，而且不粘手，做好的冰皮月饼直接就能吃，口感很好。

手粉：

冰皮面团比较粘手，尤其在热的时候。需要炒出些手粉来便于操作和脱模。把糯米粉放在锅里用小火慢慢不停翻炒，直至面粉微微发黄并有面粉香气散发出来即可关火，晾凉后就能使用了。炒一小碗，足够五六十个冰皮月饼用的了。可放保鲜盖里密封防潮室温保存半个月。

馅料：

自己做月饼馅，最喜欢的是豆沙和枣泥。若嫌麻烦，也可在放心的店里买现成的。馅料先按份量分搓成小球冷冻保存。要包月饼时，提前半小时取出馅料球略软化一下，就不容易被手捏变形，新手也能很容易上手。

很喜欢馅里加咸蛋黄。买回真空包装的生咸蛋黄。取出后放在碗里盖上保鲜膜，放在开了的蒸锅里蒸25分钟左右，取出待凉后就能用了。一时用不完的就冷冻保存。

面团与馅料的配比：我习惯的比例是皮3馅2。这个比例吃起来不会那么腻。比如若使用50克容量的月饼模，那么我会提前把冰皮面团按每个30克分揉成团，再把馅料按每个20克分揉成团，然后再包制，又快又顺手，而且成品大小小均匀。

如果要用加了咸蛋黄的馅，建议用10克的馅配一只蛋黄，正好也是20克。

有的月饼压模是80克的，比例就可以改成面皮45克：馅料35克。月饼大，馅料重量最好相应减一点，否则太容易吃腻了。其实冰皮面团本身已经有点甜。

彩色面团的调制：

有不少彩色冰皮面团，都是把蔬菜或水果汁水与面糊一起蒸制，这样做出来的彩色都偏少，而且每个颜色的面团份量挺大，要想颜色丰富就得蒸好多种，工作量加大，且用不完还很浪费。

我图省事，习惯准备一些天然食材磨成的粉，按需要随时揉成白色的面团里。比如黄金芝士粉、抹茶粉、草莓粉、可可粉等，色度好控制，也不会浪费。

有时提前蒸几块紫薯。想调紫色的时候，就取掰下一小块紫薯和面团揉匀，非常方便。要注意的是，紫薯不能加入过多，否则会非常难揉粘手。如果30克的面皮，我的比例是25克白冰皮面加5克紫薯。这个比例颜色合适，操作相对容易些。最近发现有紫薯干粉卖，以后又方便了。

制作和脱模：

相比广式月饼，冰皮月饼包起来会容易些。如果不是特别赶时间，建议先把做好的冰皮面团冷藏两小时以后再包，这样不容易粘手(包的过程中我几乎用不到手粉）。手粉别用得太厚，以免面皮与馅不能很好地贴合。

为了方便脱模，可把冰皮月饼模花片部分先推出来粘上手粉，回缩以后再放在手掌里磕几下，这样能让模具内壁粘上极薄的一层又不会太厚重。留意花片部分不能有积粉，否则压模后会影响花纹。

搓好月饼先放一边，用少许手粉抹在手里，把两手拢成空心互相拍拍去掉多余的粉，再让月饼团在手里滚一下均匀粘上粉，这样才能好脱模又不至于粉太厚。

月饼包好放进模具时，选最光滑的地方朝着模具花片处放进，月饼收口处朝外，这样压出来的花纹会更光滑美观。月饼放进模具里后，用手轻轻把底部突出的地方压压平，同时多抹一些手粉以便压制后能很好地从台面上分离。

压月饼的时候，要用手紧压住模口与台面贴合的地方，如果压不紧实，用力时面皮会从模底溢出，影响美观甚至失败。另外，压模时要垂直用力，尽全力压到底，一次即可。

脱模时，模具口垂直另一只手在下方准备接着。月饼推出后如果不能自动脱离，可以保持垂直轻晃几下让其落在掌心。如果粘得比较紧，也可以用手轻握住月饼掰出来，用力一定要尽量地轻，因为冰皮非常容易受外力变形。

彩色月饼的制作：

提前做好彩色面团，取下指甲盖大小揉成团再压成小薄片，覆盖在模具花片局部（此时的花片不宜粘上扑面），再将溢出的面皮整理干净，然后把花片装回模具。按常规操作包好一只冰皮月饼，略粘上扑面，放进压模即可压制成形。

保存与食用：

冰皮月饼做好后当时就能吃。密封冰箱冷藏可保存两三天。冷冻可延长保存期，但一个月内最好吃掉。冷藏和冷冻一定要注意保湿，否则会出现开裂现象。保鲜盒密封，最好外面再套上保鲜袋。

冷冻的冰皮月饼，吃之前需要提前一两个小时拿出来室温化软，我的这个配方在冷冻化软后与冷藏的没有差别，如果有的配方里糯米面成分过多可能会偏硬。若不着急吃，提前一晚把月饼从冷冻挪到冷藏化软是最理想的。

佩服自己长篇大论地啰嗦了这么多，可每每做出各式花色不同馅料不同的月饼，放进精挑细选的盒子里，想到对方收到时那欣喜的笑脸，自己就先幸福起来。

■ 原料（50克的月饼模，可以做8只左右）◀◀

糯米粉50克、粘米粉50克、澄粉30克、糖30克、牛奶185毫升、色拉油25毫升、馅料适量（配方以外）

■ 冰皮面团做法▼▼

1. 所有粉类混合后过筛（这一步可以去掉面团里的小疙瘩），放在大碗里，加入糖拌匀，分次加入牛奶用手动打蛋器搅至完全没有颗粒后，再将最后的牛奶倒入混匀。倒入色拉油拌匀。色拉油要提前另称好再倒，这样可以防止一下子倒过头无法挽回。搅匀的面糊，静止和蒸后会有油浮在表面，没有关系。

2. 在制作面糊的时候，先将蒸锅内放上水加热，等上汽以后，把面糊大碗包上保鲜膜，放锅里蒸25分钟。完全蒸熟的冰皮面团表面很平，没有中间凹陷。拨开检查，内部和周边颜色一致乳白略带透明感，如果发现中间部分比碗边部分白，那就表示没有蒸透，还要再加时间。如果配方份量加倍的话，那么蒸的时候就要应延长10分钟以上。

3. 蒸好的冰皮面放在大盆中，用手指背以按压和揉面的方式，把浮面轻揉进面团里。面团表面的油有时会因受挤压溅出来，最好戴围裙，同时手劲要轻缓。热的面团会很粘手，但还是能完整地揉成个大面团的。也可以把刚蒸好的面团先凉一下再揉。

4. 炒手粉：糯米面放进锅里，用小火慢慢不停翻炒，直至面粉微微发黄并有面粉香气散发出来即可关火，晾凉后即可使用。分割冰皮面团时，先用手指粘上扑面，再用手取下小面团就很容易了。

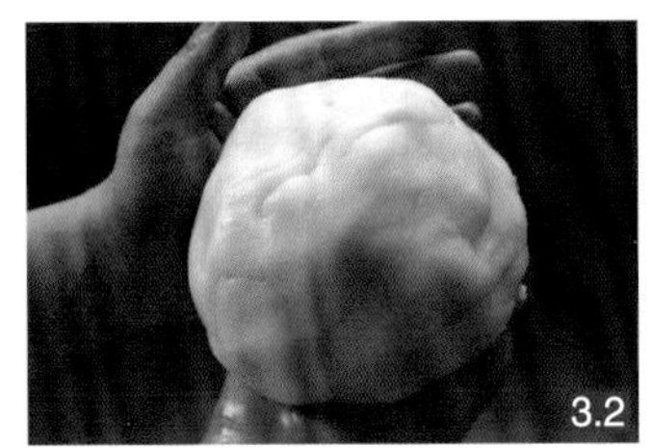
3.2

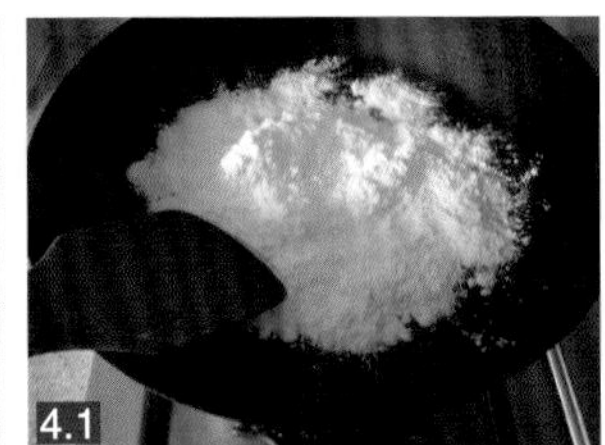
4.1

4.2

■ 彩色冰皮原料▶ ▶

抹茶粉(绿色)、草莓粉(粉红色)、黄金芝士粉(橙色)、可可粉(咖啡色)、紫熟紫薯(紫色)

■ 彩色冰皮月饼做法▼ ▼

1. 取一块冰皮面团(大小随意),把黄金芝士粉夹在面团里。用手来回按压着把色粉揉进面团。

2. 先搓成条再折再揉,用这样的方式可以不粘手又能把颜色揉匀。用同样的方法揉出其他颜色的面团。

3. 将提前做好彩色面团,取下指甲盖大小揉成团再压成小薄片,覆盖在模具花片局部(这时的花片不宜粘上手粉),再将溢出的面皮整理干净。然后把花片装回模具。

4. 包好一只冰皮月饼,略粘上手粉,放进压模,底部可多加些手粉防粘。用手紧压住压模口与台面贴合的地方,再把压模的把手往下用力压到底,抬起脱模即可。

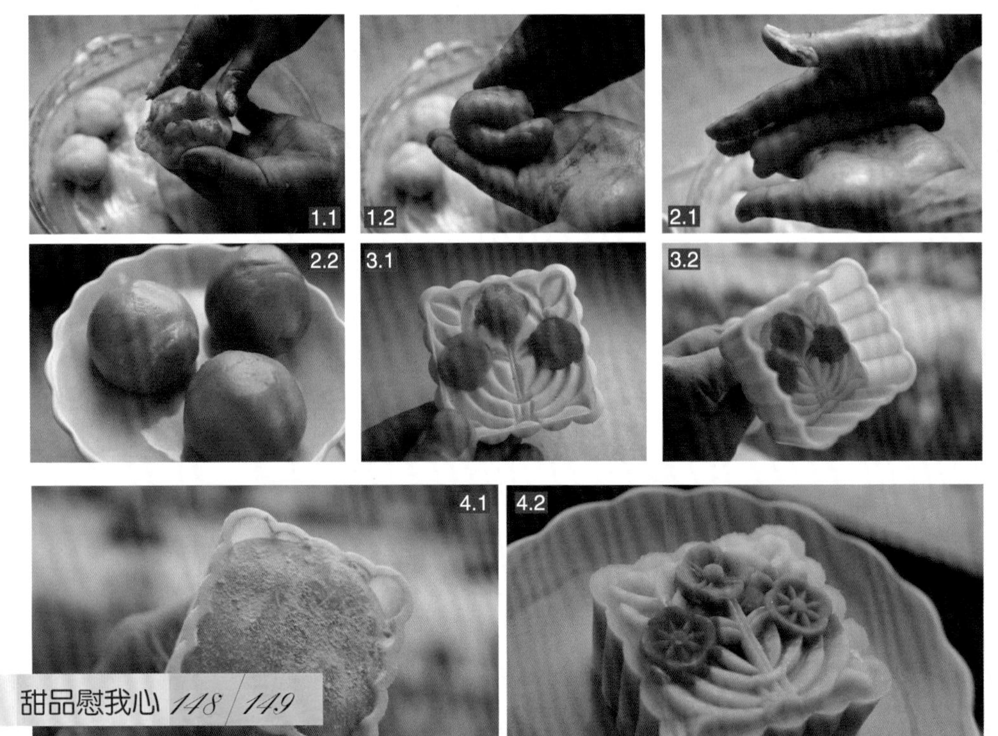
1.1 1.2 2.1 2.2 3.1 3.2 4.1 4.2

看着洋气做着简单

冰激凌月饼

“月饼冰激凌”？“冰激凌月饼”？至今弄不明白该把它怎么归类。忘了从哪年开始兴起的，光记得那家“星”字打头的知名连锁咖啡店刚推出这新花样，一下子就火了起来，那几年收到的月饼券倒有好几张是它家的。

每年都自己在家做月饼，许是觉得冰激凌月饼过于简单，直到把各种馅料的广式月饼、彩色冰皮月饼、苏式月饼都玩了个遍，实在没花样了，才又把目光转回来。

记得有次在旅游卫视《美味人生》里教了冰激凌月饼，据编导反映收视率还挺高的。其实除了费点时间需要点儿耐心，这种月饼可算是所有月饼里所需工具最少、原料最少、难度最低，样子却是最洋气的了。

所有小朋友都是巧克力和冰淇淋的忠实拥趸，冰淇淋月饼是这两样的完美结合。我在想，等亚亚再大一点，我也许会教她自己做冰淇淋月饼，有玩有吃，多么开心。

■ 原料

苦甜巧克力50克、白巧克力100克、草莓糖粉15克、绿茶粉15克、冰激凌100克（香草味、巧克力味、草莓味、绿茶味）

■ 做法

1．将白、黑巧克力各放入小锅中，隔热水融化成液态，取出降至40度左右。将白巧克力分出三份，其中一份加入草莓糖粉调成粉红色，另一份加入绿茶粉调成绿色。黑巧克力直接用同法化成液态。

2．倒一勺左右巧克力液体在经冷冻过的果冻模里，慢慢转动使巧克力液体粘满果冻模内壁并凝固，倒出多余的巧克力液体。将果冻模冷冻半分钟后取出，再用刚才的办法再沾一层同色巧克力，可使果冻模里的巧克力厚度理想而均匀。

3．将微微软化的冰激凌装进果冻模里，并用勺轻轻压实不留空隙，放冰箱冷冻20分左右至硬。

4．在冰激凌表面淋上巧克力液封口，再冷冻至硬。轻推果冻模底部将成型的冰激凌月饼取出，放在密封的盒子里保存即可。

蔻蔻心得

1．巧克力液在入模之前，温度不要过高，它在与体温相似时比较浓稠，也能在模子内壁粘得比较厚。

2．如果没有果冻模具，去超市买大一点的果冻，吃掉以后将包装模洗净即可再利用。

12月是聚会扎堆的月份，也是让美食与烘焙爱好者抓狂的月份，创意太多时间太少，对我而言尤其如此。

年中的时候就想着圣诞节我要做什么，姜饼屋要翻新花样，搭个姜饼小四合院什么的。要不就做些个翻糖的LV包包送人、再来个加果料的圣诞烤鸡……

全家齐畅饮

圣诞热红酒

12月是聚会扎堆的月份，也是让美食与烘焙爱好者抓狂的月份，创意太多时间太少，对我而言尤其如此。

年中的时候就想着圣诞节我要做什么，姜饼屋要翻新花样，搭个姜饼小四合院什么的。要不就做些个翻糖的LV包包送人、再来个加果料的圣诞烤鸡……

真到眼前了，手头上的事儿还没弄利索呢，再加上亚亚小朋友满地乱跑得随时盯着。姜饼四合院图纸怎么画我都不知道、翻糖都大半年没摸过了、烤鸡也没琢磨好怎么扎出那个二郎腿形状呢。纯粹都是空中楼阁。留待明年实现吧，当作明年的新目标也算有奔头了。今年做些简单好吃的得了。

记得有期某杂志做的是红酒加Mulled Wine预热圣诞节，编辑和我约稿时，我取了个巧，把两者给结合在一起了，做了款圣诞红酒Mulled Wine，这是西方国家的人们在圣诞节必喝的热饮。

Mulled Wine的主材是红酒，通过加入肉桂、蜂蜜、柠檬以及水果等配料，做成了香甜可口的热饮。人们在圣诞夜做完子夜弥撒后，会马上喝一杯热乎乎的圣诞红酒来暖身，是个非常好喝的保健饮料，全家人都适合喝。

我也很喜欢喝，酸酸甜甜香香，颜色也很漂亮喜庆。如果圣诞节那天下雪，暖暖的捧着这样一杯果香四溢的热红酒，站在窗前看雪景，会是件多么惬意的事呢。

试着做杯圣诞热红酒给家人，用这杯酒开启温暖的圣诞月，预热圣诞节。

原料

蔓越莓干、红酒150ml、肉桂棒1支、丁香10粒、柠檬皮1/2个、蜂蜜25g

做法

1. 将柠檬黄色的表皮部分薄薄地削下来，不要带白皮果皮，否则味道会发苦。
2. 切少许柠檬果肉、肉桂棒、丁香、蔓越莓备用。
3. 红酒、肉桂、丁香、柠檬皮和果肉放入煮锅，用小火煮热后立即关火，加入蜂蜜调味即可倒入杯中，趁热饮用。

蔻蔻心得

1. 不必选用过于高档的红酒。家中喝不完的利用起来就不错。

2. 红酒在沸腾时会造成香气挥发，加热的容器要加盖并用小火，以尽可能地保留酒香。

3. 除了丁香和肉桂棒，可以用杏子干、金桔等酸甜味的风干水果代替蔓越莓，也可以用橙子代替柠檬。

偏爱《石头记》

椴蜜苹果香兰茶

什么是"偏爱"呢？当你面对很多种选择的时候，只有一样入你心入你眼，那就叫偏爱。当你喜欢的事物无论变成什么样，你还是爱，而且相信值得爱，这也叫偏爱。我，偏爱《石头记》。

记得新版《红楼梦》在BTV首播时，之前纷纷扰扰的报道看得太多，已有先入为主的印象，然而，我知道，我肯定会去看，无论拍成什么样儿，我都会一集不落地看完，因为这是《红楼梦》。

开场五分钟之内，很欣慰，这次的《红楼梦》值得我这样偏爱，画面极美、特效的运用比以前各版本更能体现出虚幻的氛围。短短两集已经超过以往版本对于大背景大场面的体现。

只是，也有不适应的地方，也许看过太多遍原著，对于剧中大段的旁白感觉多余，最不适应的是时不时的快进镜头，尤其是甄士隐和僧道三人解说"好了歌"，周围往来人等飘忽不定，实在是眼晕。但几集看下来，反又喜欢上这样娓娓道来不着水墨的旁白。

很遗憾，新版黛玉与我心中的黛玉相去甚远，不太习惯唇部和脸形如此丰满的林妹妹，灵秀之气大受影响，一直认为林妹妹必不可少的是菱角嘴和尖下巴。宝钗演员选得极好，与原著丝毫不游离。小宝玉是个惊喜，"目若秋波。虽怒时而若笑，即嗔视而有情"，一字不差，去年有次录节目，请来的嘉宾就是新版小宝玉，虽已是近一米九的新潮少年，然纯真之

■ 原料 ▼ ▼

香兰叶2片、国光苹果1只、椴树蜜1汤匙、水两杯

■ 做法 ▼ ▼

1. 小锅内倒入水，将剪成细丝的香兰叶泡进去约10分钟。

2. 加入切成小丁的带皮苹果，小火加盖煮15分钟至出味后关火，待降温至不烫手后倒入杯中，加入椴树蜜调匀即可。

性未改，很好。

人的一生，能看几次重拍的《红楼梦》呢？何必这么苛刻？二十多年才重逢一次，已觉人生苦短，何必要计较重逢之人的些许变化，珍惜与你所爱的相聚时光吧，无非是短短的那几天。

如果真的如《石头记》里举案齐眉意难平，永远只是看到遗憾，那人生真的无甚乐趣。在这样忧郁的心情下，来一杯“椴蜜香兰苹果茶”也许能有所调节。

香兰叶可治疗忧郁症，其汁液是绿色有机物，充满抗氧化成分，有消暑、清凉去火、安神、镇定及舒筋活络的功效，德国人还研究它，用以提炼做保健品。香兰叶是东南亚地区人们普遍使用的调料。印尼、马来西亚等地的厨师则喜欢将香兰捣碎为甜品和糕点增色泽添香气，口味清爽宜人，我在泰国吃到过香兰糕。

苹果的好处自不必多说，其中有一项，苹果也有消除心理压抑感的作用，精神抑郁症患者经过一段时间嗅苹果香气的治疗后，心境大为好转，精神轻松愉快，压抑感消失。

我特地选用“椴树蜜”来调味，是因为椴蜜色泽晶莹，醇厚甘甜。而且椴蜜也能改善情绪，降低中枢神经兴奋，维护脑细胞功能。椴蜜比一般蜂蜜含有更多的葡萄糖、果糖、维生素、氨基酸、激素、酶及酯类，具有补血、润肺、止咳消渴、促进细胞再生、增加食欲和止痛等多种疗效。

这杯“椴蜜香兰苹果茶”，散发着香兰叶独特的味道和苹果的清香，又有椴蜜纯净的甘甜。捧一杯在手，如果真有歌里唱过的“忘情水”，也许就是这杯吧？

浓缩的精华

巧克力杯子蛋糕

我又进入烘焙的另一扇门了，这扇门打开后，满眼皆是精致、可爱、美味、诱惑的Cupcakes——“杯子蛋糕”。

小小杯子蛋糕有无穷的花样可以翻，从口味、造型、颜色、主题都能任意发挥，人见人爱，也怪不得Cupcakes店在全球遍地开花。搞得我最近只想做杯子蛋糕来过瘾，买了一堆各式漂亮的纸杯模，打算好好玩玩。

无论在哪家杯子蛋糕店，最具代表性的产品里一定得有巧克力味的，可见巧克力口味在冰激凌店里的重要性。

参考了国外杯子蛋糕店的配方和操作方法，Hummingbird的份量和配方都比较小，只有六杯左右，挺适合家庭制作。大部分的奶油霜配方里，感觉糖粉或是黄油的比例太高，对于想要瘦成一道闪电的女孩子而言，可能心理负担会比较重。

自己试着做了一份“蔻蔻牌”巧克力糖霜，只用了淡奶油和可可脂含量在70%的巧克力，加了少许可可粉调节稠度，不谦虚地说，口感很好，入口很滑，可塑性也好，而且保存期可长达一周。

一般来讲，只要是磅蛋糕（也就是重油重糖类的蛋糕），都可以试着做成杯子蛋糕的主体。要体现风格，还是得看表面奶油霜的口味和造型，因此也就有了更多主题造型的杯子蛋糕，还涉及“裱花”和“翻糖”等工艺。

看，不要轻视这小小的杯子蛋糕，“浓缩的是精华”，在这里有最赞的口味、最好的原料、最棒的创意、最炫的技术运用，烘焙的乐趣可想而知了吧。

■ 原料 ▶▶

面粉100克、可可粉20克、细砂糖100克、泡打粉1/2茶匙、盐2克、无盐黄油40克、牛奶120毫升、蛋1枚

■ 做法▶ ▶

1. 面粉、可可粉、泡打粉混合后过筛。蛋在小碗里打散，倒入牛奶搅匀。

2. 黄油提前一小时取出，在室温中软化至可用手轻按出小坑。加入糖，用电动打蛋器中速打蓬松。将过筛的粉类倒入打发黄油里，仔细拌匀。

3. 将一半量的牛奶蛋液倒入面糊中，用电动打蛋器中速混合均匀至完全没有面粉颗粒。将剩余牛奶蛋液加入，打蛋器调至低速，继续混合至盆内面糊细腻无颗粒。

4. 将搅拌均匀的面糊装入一次性裱花袋里，在每个纸杯模具中挤入面糊约七分满。烤箱提前10分钟170度预热后，将放了纸模的烤盘放在烤箱中层，同样温度烤25分钟。

1.1

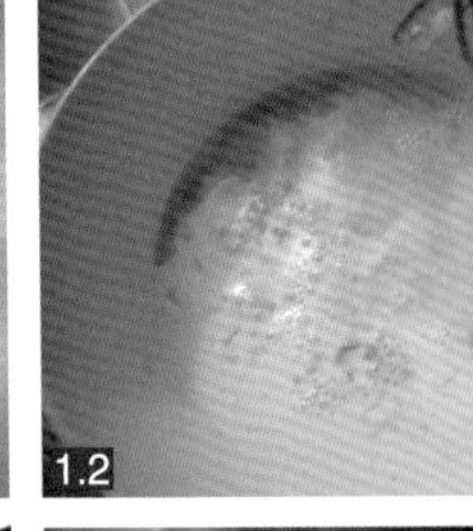
1.2

2.1

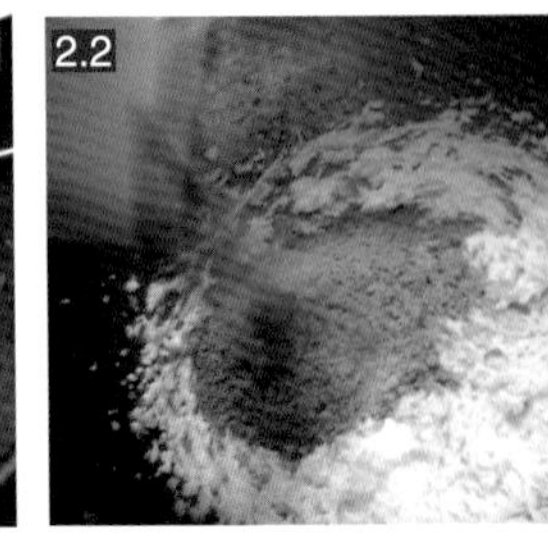
2.2

3.1

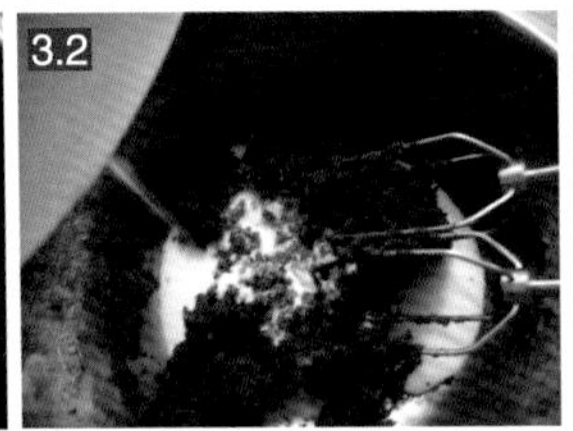
3.2

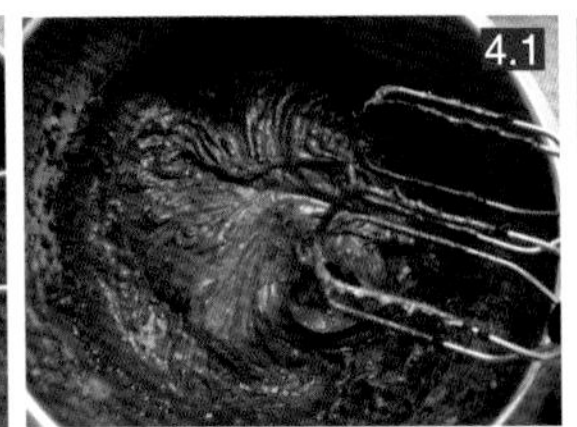
4.1

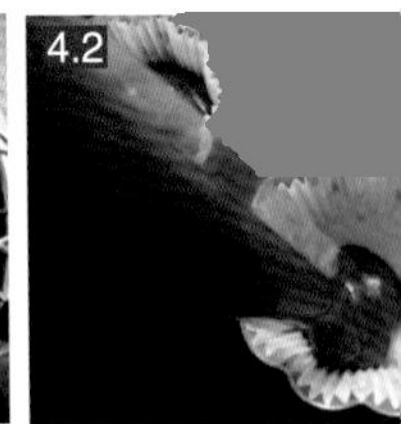
4.2

■ 巧克力奶油霜原料

淡奶油100克、可可脂含量在70%的巧克力100克、可可粉15克

■ 做法▼ ▼

1. 淡奶油用厚底奶锅煮至刚要沸腾后关火，降温至不是特别烫手时，加入巧克力碎块和可可粉，让淡奶油的热度将巧克力融化，并轻搅至所有粉料细腻无颗粒，即成为膏状的巧克力奶油霜。

2. 巧克力奶油霜装入前端有小菊花嘴的裱花袋里，将其挤在杯子蛋糕表面，并撒上食用银珠作装饰即可。

蔻蔻心得

1. 若融化的巧克力浆里还有可可粉颗粒，可趁热将巧克力浆过筛，将会有更光滑的效果。

2. 该款巧克力糖霜制作好后半小时左右裱挤花是最顺手的，完全凉透后再挤会比较费力。

乳酪蛋糕里的“白富美”

红醋栗香草乳酪蛋糕

每次上烘焙课的时候，都会有学员问我：“为什么我烤的戚风蛋糕表面总是有裂纹，感觉不太完美啊？”我也总是重复地回答：“戚风蛋糕开裂是正常的，它的制作原理就是通过打发蛋白使其适当地裹入空气，入炉烘烤时空气受热膨胀，牵引面糊向上攀升，只有体积充分膨胀后才能产生蓬松轻盈的口感。只要表面裂纹不算太深，我认为都在允许范围内。再说了，戚风烤后都要倒扣，装饰的时候也都是把开裂那面朝下扣着，这时谁还看得到裂纹啊，就没必要较劲了。如果已裂到内部快到中间位置那就不对了，要从配方、操作手法等方面找原因。”

“那烤芝士蛋糕表面有裂纹，行么？”呃……这个，就不能算完美了。为什么呢？我来讲讲自己的理解。烤制的芝士蛋糕，除了浓重的乳香，它扎实粘糯的口感也是其迷人之处。在烘焙过程中其体积几乎没有大的变化，不需要空气来帮助其膨胀。烤完平滑的表面才算漂亮完美。

在操作的时候要注意尽可能地不要掺入不必要的空气。调制乳酪糊时最理想的办法是全程都用手动打蛋器。可以用隔热水（不要超过60度）的方式来把乳酪软化成膏状。若觉得太麻烦，也可先用电动打蛋器低速将奶酪打散后，再务必改成手动打蛋器进行后续的操作。因为电动打蛋器速度太快，容易将乳酪打发裹进大量空气，烤的时候自然就会受热膨胀开裂了。

重乳酪蛋糕在烤的时候大都需要水浴，目的是通过这种方式来补充烘焙蛋糕糊挥发掉的水分，可确保蛋糕烤后的柔嫩。如果是活底模，不建议在模餐具外面包上锡纸，直接放在加了水的烤盘中烘焙，因为锡纸的缝隙会引流水浸入蛋糕模底部造成蛋糕饼底潺湿。可将烤网放在烤箱中间，放上活底模，然后在下一格里放上加了水的烤盘，隔水烘烤后的效果一样很好。

乳酪蛋糕的平整操作过程是重点，如果想要更完美，那么烤完不要着急取出，有时刚烤好的乳酪蛋糕体积会略蓬一些，如果这时取出，被外面的冷空气一压，表面就会略有凹陷。若

等烤箱的炉温降到与室温相同或已凉透再倒出，蛋糕体就比较平。然后放冰箱冷藏四小时以上，这样内部组织才会更细密紧实，脱模也更方便顺手。我在上课的时候，一般都会教大家先把蛋糕的活底盘包上一层锡纸再放回模具里，因为上课时间有限，不能等到冷藏扎实再脱模，热脱时风险很大。若有锡纸，那就保险很多了。

家有发烧级乳酪蛋糕爱好者，普通的重乳酪已不能满足我们。这款蛋糕走的是极致路线，用到了两种乳酪，非常浓郁厚重。不但用到了香草砂糖，还直接加了香草荚，能想象出那种甜美诱人的气息吧。喜欢红醋栗的颜色，加在蛋糕中酸酸的，能让这款蛋糕兼具小清新风味，切开后破裂鲜艳的浆汁把蛋糕染得很漂亮。如果买不到红醋栗，可以用桑葚等其他浆果代替。

装饰时用到了食用金箔，成本虽一路飙升但很点睛，说它是芝士蛋糕中的“白富美”，我想，不为过吧。

■ 原料（6寸活底圆模）▲ ▲

6寸海绵蛋糕1片、奶油奶酪250克、冷冻红醋栗50克、香草砂糖60克、香草棒1根、鸡蛋2枚、车达奶酪2片

■ 做法▼ ▼

1. 海绵蛋糕铺在模具底部。
2. 香草棒对半剖开，用刀尖刮出香草籽。
3. 将香草籽放入装奶油奶酪的料理盆中。
4. 香草棒的外皮埋在砂糖罐中保存，即成香草砂糖（需提前至少一周制作，可长期保存）。
5. 奶酪用电动打蛋器低速略打松，加入香草砂糖继续打软。
6. 加入奶酪片搅打至混合均匀。
7. 加入1枚鸡蛋，换成手动打蛋器混合至均匀。
8. 再加入另1枚蛋，接着混合均匀。
9. 混合完成后的奶酪糊状态如图。
10. 将奶酪糊轻倒入模具，在台面上顿几下排出内部气泡。
11. 将红醋栗倒入奶酪糊，略搅散分布均匀。
12. 烤箱提前170预热后，放入模具，水浴烘烤60–80分钟。待炉温降至与室温相同时，出蛋糕，放冰箱冷藏四小时后脱模装饰。

粗粮细做

紫薯杯子蛋糕

最近杯子蛋糕大热，似乎大家都不满足于玛芬蛋糕过于朴素的外形，纷纷在表面挤上各色漂亮的奶油糖霜，让杯子蛋糕变得可爱柔美起来。

国外有档电视节目，各路杯子蛋糕制作高手现场PK，火药味十足。看了几集以后有点想法，除了巧克力糖霜，主流糖霜基本都是大量的糖粉+黄油+淡奶油+色素，这样的重口味对于嗜甜的老外来讲习以为常，咱们可能就有点吃不消。尤其是上面颜色那么厚重那么艳丽的色素，真要吃进嘴里我会有点犹豫。调得清淡些倒是可以接受。

我依然偏好用食材的自然颜色来表达色彩。这款“紫薯杯子蛋糕”也是如此。表面深厚的紫色完全是紫薯的自然色，这层紫薯奶油霜里完全没有黄油，淡奶油的少量添加仅仅是为了把紫薯泥调成适合挤花的柔软度，用牛奶或水来调也完全可以，热量更低。糖粉的添加量自己把握，甚至可以省去。成品入口轻淡柔滑，与饱和度极高的紫色外观形成了鲜明的对比。

至于杯子蛋糕主体，我添加了紫薯丁。制作方面不是太复杂，唯一的要点是在打发黄油中加入牛奶蛋液时，一定要有耐心，分次缓慢加。搅打速度过快容易造成“油水分离”，这样

会导致与面粉拌合后，烤出来蛋糕的蓬松度、湿润度、柔软度都受影响。每加进一点蛋液，用手动打蛋器细心搅和匀，再加再搅。虽然过程延长了，可最终的效果一定会让你喜出望外。无需回油也能有相当好的口感。

家有芝士狂，在这只蛋糕面糊里顺手加了一点儿芝士粉，就是超市里卖的那种绿色小罐的。若家里不常备，把芝士粉的份量省去就行，其他份量不用改动。图漂亮，拍照的时候每只杯子蛋糕上都加了朵翻糖花，如果陈列时间超过四小时，翻糖花就不适合放在奶油糖霜上了，花朵容易吸潮变形，大家可以另找些美丽的装饰糖珠代替。

这样一枚可爱时髦的杯子蛋糕，谁能想到是用“粗粮”紫薯做的呢？多花点心思，粗粮细做并不难。

■ 原料（6只左右中号杯子蛋糕）◄ ◄

紫薯60克（净重）、低筋面粉75克、蛋1枚、牛奶20毫升、芝士粉10克、细砂糖60克、黄油50克、无铝泡打粉1/8茶匙

■ 做法► ►

1. 去皮后的紫薯切成大小约1公分的小丁，放在玻璃碗里，包上保鲜膜，用微波炉的高火加热4分钟。

黄油提前半小时取出，室温软化至用手能轻按出小坑。将蛋打成蛋液，加入牛奶搅匀匀。

2. 将糖倒入软化好的黄油中，用打蛋器充分打发至黄油发白变蓬松，呈膏状。将牛奶蛋液至少分成6次逐步加入打发黄油中，每加入一点，就用打蛋器搅打至与黄油充分融合，再加入下一次蛋液。

冬季也可以在料理盆外再套个30度左右热水的盆子，这样能让黄油保持相应的柔软度以便与蛋液更好地融合，不至出现“油水分离”情况。

3. 所有牛奶蛋液完全与黄油搅打融合后，加入芝士粉、提前过筛的低筋面粉和泡打粉、紫薯丁。用橡皮刮刀以“切拌”的方式将所有材料拌匀。

4. 用汤匙将面糊装至纸杯约7分满。当时没有买玛芬联模具，用焗杯代替效果也不错。烤箱提前10分钟170度预热后，将装了烤杯的烤盘放在中层，同样温度烤25分钟左右。

■ 紫薯奶油霜原料 ◄ ◄

蒸熟的紫薯1根（约100克）、淡奶油50克、糖粉15克

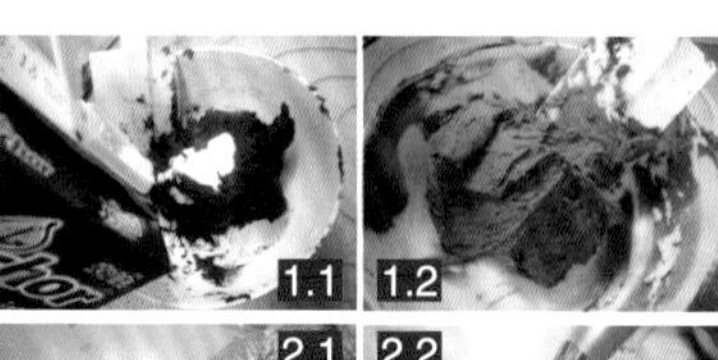

■ 做法◄ ◄

1. 将淡奶油、糖粉加入过筛的紫薯泥中拌匀，呈膏状。

2. 塑料裱花袋前端装上小菊花嘴，将紫薯奶油霜装入。左手持杯子蛋糕，右手持裱花袋，右手挤左手转，将紫薯奶油霜挤满表面。临摆盘前，再用翻糖花装饰即可。

就地取材做西点

双色巧克力蛋糕

在扬州小住，爸爸让我做个蛋糕，给他之前单位的朋友们带去尝尝。当时我手头上只有一只慕斯圈、几片吉利丁、一盒淡奶油，几个一次性裱花袋。其他的烘焙工具一概全无，我除了慕斯蛋糕也没有别的花样可玩。从网上采购时间上又来不及，只能就地取材。

巧克力慕斯蛋糕算是个经典品种，我又加了个酸奶酪味，两种味道更丰富，颜色一黑一白倒也稳重大方。巧克力是超市买来的，挑可可脂含量最高的。酸奶酪其实和加稠酸奶差别不大，也用超市的乳品柜里的。

爸妈这边没有烤箱，无法烤海绵蛋糕做慕斯底，我依旧买了现成的小蛋糕切片代替。蛋糕装饰方面，买到了一种心形的巧克力迷你小蛋糕，化了点白巧克力在小蛋糕表面淋了几根白色线条，这样看起来跳跃些。又现做了点巧克力酱，用裱花袋挤成小点点做装饰。

慕斯蛋糕总体来讲不复杂，卖相光滑平整线条流畅就很好看了。其中诀窍就是淡奶油不要打得过硬，稍变浓稠就可以了。拌好的慕斯糊应该是可以微微流动的状态，这样倒在模具里本身就会变平整。

如果不是做整只的蛋糕，慕斯圈、吉利丁片这些都可以免去。直接拿好看的容器装上就行，现在很多酒店里也是采用精致小杯装的路数，漂亮得很。

■ 原料 ▶ ▶

淡奶油350克、巧克力100克、蛋黄1个、速溶咖啡1小袋、吉利丁3片、酸奶酪150克、绵白糖50克

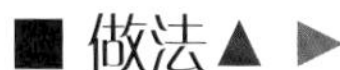

■ 做法▲ ▶

1．慕斯圈底部用保鲜膜包紧，在外部垫个盘子，将小蛋糕片成厚约半公分的薄片，平铺在慕斯圈里备用。

2．取100克奶油，与巧克力一起放在小碗中，隔热水（不高于70度）将巧克力融化并与淡奶油混合均匀。加入咖啡粉、蛋黄，用勺搅拌均匀。

3．吉利丁片提前15分钟分用冷水泡软控干，隔热水化成液体后，降至室温并保持液态。取一半量的吉利丁液体与巧克力糊拌匀。

4．200克淡奶油从冷藏室取出后，加入糖，用电动打蛋器中速打至浓稠并出明显花纹。

5．取一半量的打发淡奶油与拌了吉利丁液的巧克力糊拌匀，轻倒入已铺蛋糕底的模具中，用手掌轻拍蛋

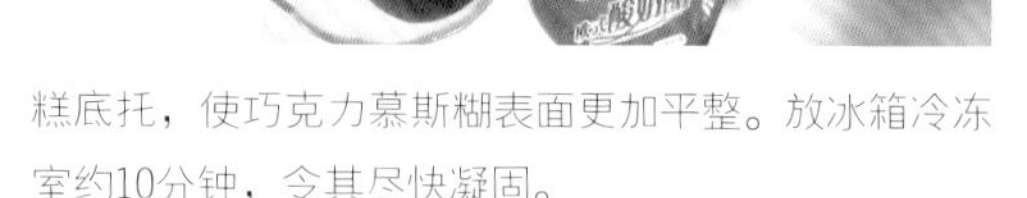

糕底托，使巧克力慕斯糊表面更加平整。放冰箱冷冻室约10分钟，令其尽快凝固。

6．将另一半的吉利丁液与酸奶酪拌匀后，加入剩下的打发淡奶油，拌匀。

7．从冷冻室取出已凝固的巧克力慕斯，将酸奶酪慕斯糊轻倒在其表面，用手掌轻拍蛋糕底托，使糊表面平整。放冰箱冷藏室约半小时左右凝固后即可脱模装饰。

蔻蔻心得

用热毛巾包在慕斯圈外面捂一两分钟，就能使蛋糕顺利脱模。也可以用电吹风围着吹一会儿脱模，两者时间都不要过长，以免蛋糕体融化过度影响外观。

美白乌发的饼干

紫薯软曲奇

这两年紫薯火得不行，用“红得发紫”来形容真是再贴切没有。本来和红薯是亲戚关系，可紫薯就占够了便宜抢尽了风头。首先紫颜色就显得更有内容，而且从营养方面，红薯有的紫薯有，红薯没有的紫薯也有。现在一提到粗粮细做，不用紫薯都显得不够潮，好吃出彩又透着“洋气”。（最近“洋气”这词儿也够火的。）

曾经用紫薯做过几款甜品，还意犹未尽。再拿来做款饼干吧，给起个名儿叫“紫薯软曲奇”。叫这名儿是因为饼干面团里加入了黑芝麻粉（是熟黑芝麻加工过的粉末，不是冲芝麻糊的那种），增香的同时还能让饼干一碰即酥。在饼干里包进了熟的紫薯丁和蔓越莓干，烤好以后这部分吃起来却又是有点软糯的。两种不同的口感混合得很理想。

以往说到甜点，仿佛除了过嘴瘾以外更多的是长胖的顾虑，但是这个“紫薯软曲奇”，我倒觉得可以适当多吃一些。因为用到的都是好东西啊。听我来叨叨一下哈。

首先表扬一下黑芝麻：

黑芝麻含有的多种人体必需氨基酸在维生素E、维生素B1的作用参与下，能加速人体的代谢功能；含有的铁和维生素E是预防贫血、活化脑细胞、消除血管胆固醇的重要成分；黑芝麻含有的脂肪大多为不饱和脂肪酸，有延年益寿的作用；黑芝麻在乌发养颜方面的功效，更是有口皆碑。一般素食者应多吃黑芝麻，而脑力工作者更应多吃黑芝麻，因其能健脑益智。常吃黑芝麻可以帮助人们预防和治疗胆结石。

接着捧捧紫薯：

紫薯中锌、铁、铜、锰、钙、硒均为天然，并且铁、钙含量特高。而硒和铁是人体抗疲劳、抗衰老、补血的必要元素，具有良好的保健功能；硒易被人体吸收，有效地留在血清中，修补心肌，增强机体免疫力，清除体内产生癌症的自由基，抑制癌细胞中DNA的合成和癌细胞的分裂与生长，预防胃癌、肝癌等疾病的发生。经常食用紫薯则具有减肥、健美和健身防癌等作用。因此，紫薯是当前无公害、绿色、有机食品中的首推保健食品。

还得夸夸蔓越莓:

蔓越莓除了富含不可或缺的维C外，还含有许多营养成分，比如浓缩单宁酸、原花青素等。正是有了这些营养成分，它成了女性最贴心的私密好友，对于预防泌尿系感染很有帮助。蔓越莓中富含的另一种重要营养素就是原花青素，对美目很有功效。花青素有很强的抗氧化功能，其抗氧化能力远远超过维C和维E。蔓越莓的抗氧化作用对人体抵抗自由基的侵蚀，有着非常积极的作用。

哎哟，一不小心，居然捣鼓出来一款有食疗功效的饼干？！美白明目还乌发，要不要试试啊？

■ 原料

熟紫薯丁60克、低筋面粉100克、黑芝麻粉20克、蔓越莓干40克、黄油50克、细砂糖70克、盐2克、蛋黄1枚、色拉油25克

■ 做法

1．室温软化黄油至可以用手轻按出小坑的状态，加入盐和1/3量的糖。

2．用手动打蛋器把黄油和糖、盐搅打均匀后，再将剩下的糖分两次加入。

3．搅打至黄油成色拉酱状并成乳白色。

4．加入蛋黄搅打均匀。

5．分三次加入色拉油搅拌均匀。

6．加入黑芝麻粉、提前筛过的低筋面粉。

7．均匀拌成面团。

8．分揉成比乒乓球略小的球形面团。

9．将面团捏成中间凹形，包进几小块紫薯丁和提前半小时泡过并控干水分的蔓越莓干。

10．将面团口包起并捏紧滚圆。

11．烤盘铺上油纸，将包了紫薯丁的面团放上，用手轻轻压成扁圆形。

12．把剩下的紫薯丁分别轻按在面团上。烤箱提前180度预热10分钟，将烤盘放入，同样温度烤15分钟即可。

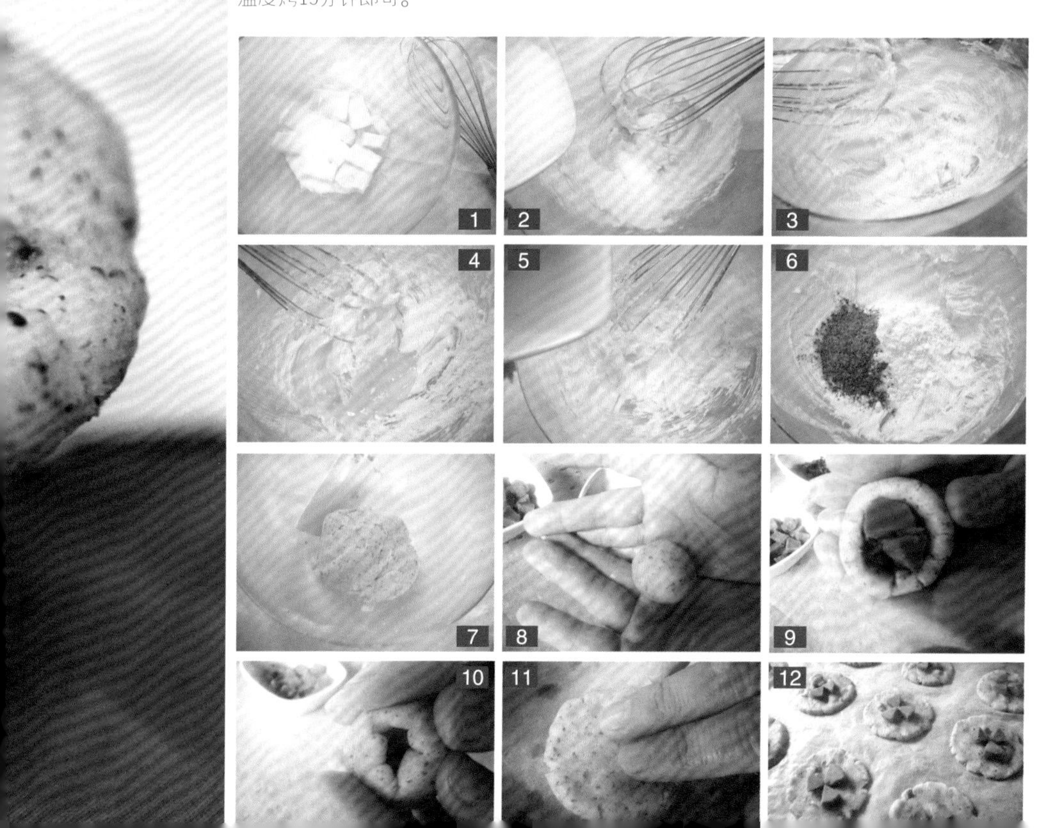

完美旅行 巧克力曲奇饼

忘了是谁说过，人生总要有一次说走就走的旅行。可我们几乎每次都算得上是说走就走，只要有点时间，就上网查特价机票，然后订当地酒店，出发。也许，不用朝九晚五地按部就班工作，在这时也算是一种幸运吧。

记得有次乘坐皇家加勒比的海洋航行者号出游，近一周的时间里都在喜与忧之间纠结。喜的是每天24小时都可以随时随地在这艘大船上免费吃喝世界美食，忧的自然也是这个，船上工作人员告诉我们，基本每个下船的人都会长5斤以上。

吃遍船上各间餐厅，我下船前还打包了几块酒吧自制的巧克力曲奇，这饼干是在船上第四天的意外收获。本想随便找款饼干搭着冰激凌吃，没想到被它瞬间秒到，香、甜、苦、松，几乎是连带着负罪感吞下去的。接下来的几天，我已记不清到酒吧取了多少次巧克力曲奇，从没浪费过。

其实，这是款做起来很简单的饼干，重要的是用了高品质的巧克力，才会这样令人难忘。要下船的前一晚，想到要和这么美味的饼干分别，我很惆怅。于是就有了前面那幕，下船行里中有包巧克力曲奇。

回家后每天吃一块，感觉船上的日子就这么离我越来越远。最后，看着盒子里几粒饼干渣，这艘大船才算真正驶离了我的视线，这次旅行也画上了完美句号。

■ 原料

低筋面粉230克、黄油200克、巧克力豆100克（可可脂含量60%）、杏仁碎100克、细砂糖50克、红糖50克、蛋1枚、可可粉25克、香草精油3滴、泡打粉1/4茶匙、椰丝适量（表面装饰）

■ 做法

1. 将室温软化的黄油、细砂糖、红糖，用电动打蛋器低速混合均匀呈羽毛状，再加入全蛋低速混合至糖基本融化，呈色拉酱状，加入香草精油拌匀。

2. 低筋面粉、可可粉、香草粉、泡打粉事先混匀，再筛入黄油糊中，用橡皮刮刀拌匀。

3. 面糊中倒入巧克力豆、捏碎的杏仁片，用橡皮刮刀拌匀。烤盘铺上烘焙纸，将面团先分搓成直径3cm的球，再用手指轻压成厚约0.5cm，直径约约5cm左右的扁圆状，每只间隔3cm，以免烤时膨胀粘连。表面撒上杏仁片或椰丝。烤箱170度提前10分钟预热后，将烤盘放入，烤15分钟左右即可。

1.1

1.2

2.1

2.2

3.1

3.2

蔻蔻心得

若烤盘不够大，可分成两次烤，待烤的面团放在冰箱冷藏备用即可。或将待烤面团用保鲜膜包好冷冻起来，用时取出室温回软，再定型烘烤。

年的味道

八宝饭

昨天妈妈买菜回来，说菜市场里菜贩少多了，估计他们都赶着回家过年了。不但菜贩少，连卖猪板油的都少，以前我们去的时候哪家都有，现在都得预订才能拿到。可爱的白花花的猪油啊，没有你，我们的年都不完整。

中午在家熬猪油，爸爸帮忙看着火，感慨说，一闻到这个味道就想到过年了。我也深有同感。在大部分上海人的情结里，猪油的味道才是年的味道啊！怪不得蔡澜先生说“猪油万岁”，谁不愿意天天过年呢。

前两天录了期过年的节目，编导说做个中式甜品吧，我想也没想就说“做八宝饭”。在我心里，过年没有八宝饭就如过生日没有蛋糕一样的遗憾。而且也怪，我在外面极少吃到对味的八宝饭，不明白在这么喜庆日子里出现的主角，为什么会被店家弄得无论是外观还是味道都这么寡淡，让人兴趣索然。

后来想明白了，缺猪油！可能店家怕猪油加多了吓跑客人，大家都怕猪油的高胆固醇，可要是我告诉大家，排名前十的高胆固醇食物里并没有猪油，你相信么？再告诉你，咸鸭蛋黄的胆固醇含量是2110，而猪油是93，你相信么？这是事实！

所以，面对猪油我很坦然，多么细腻喷香柔滑雪白柔美的油脂啊，偶尔亲近一下也是可以的……

小时候看奶奶做八宝饭，她边在碗里抹猪油，边跟我讲“侬晓得哇，勿摆猪油的八宝饭勿好吃”。把瓜子仁、红绿丝粘在猪油上，放上同样用猪油和糖调过味的糯米。这八宝饭的糯米也有讲究，要用长形和圆形各一半的糯米掺着做出的糯米饭才软糯弹牙。最后填上自家做的豆沙馅，再用糯米饭封底，蒸熟后一倒扣，美丽的八宝饭就好了。临上桌前再淋上用桂花糖做的玻璃芡，又亮又香！

对上海人而言，没有正宗八宝饭的“年夜饭”，最难将息……

■ 猪油原料 ▶ ▶

猪板油

■ 猪油熬法 ▼ ▼

1. 猪板油用清水洗净后，用干的布或厨房用纸把猪板油上面的水分彻底抹干净。然后切成筛子大的小丁。锅烧热后，倒入猪板油，改成小火，轻轻翻炒。

2. 猪板油受热后会有大量油脂溢出。

3. 全程用小火熬制，油会随着受热而被越来越容易煸出。

4. 待猪板油熬成金黄色的小粒，锅内油呈淡淡的黄颜色，即可关火。

5. 用漏勺取出油渣，炒菜或做饼都极好。

6. 把猪油倒入耐热容器里。

7. 待猪油彻底凉透后，即成雪白膏状。用密封容器保存即可。

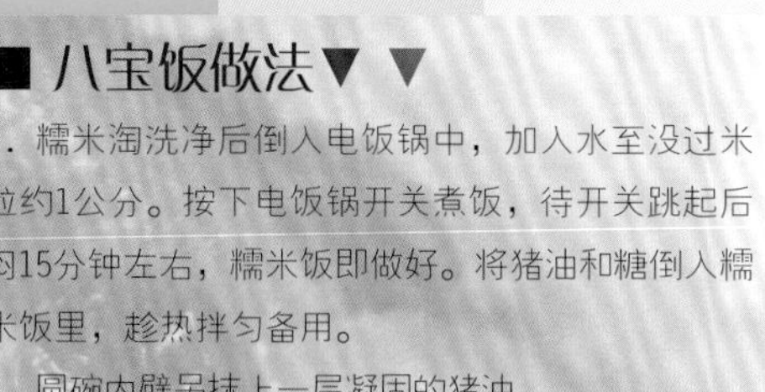

■ 八宝饭原料 ▶ ▶

糯米500克、豆沙馅500克、猪油50克、糖15克、各色蜜饯适量

■ 八宝饭做法 ▼ ▼

1. 糯米淘洗净后倒入电饭锅中，加入水至没过米粒约1公分。按下电饭锅开关煮饭，待开关跳起后闷15分钟左右，糯米饭即做好。将猪油和糖倒入糯米饭里，趁热拌匀备用。

2. 圆碗内壁另抹上一层凝固的猪油。

3. 用各色蜜饯在碗壁上倒出花样。

4. 将糯米饭放入碗中，中间做成凹形，填入豆沙馅，表面再用糯米饭封住，包上保鲜膜。

5. 放入已上汽的蒸锅中，大火蒸20分钟后取出，倒扣在盘子里即可。

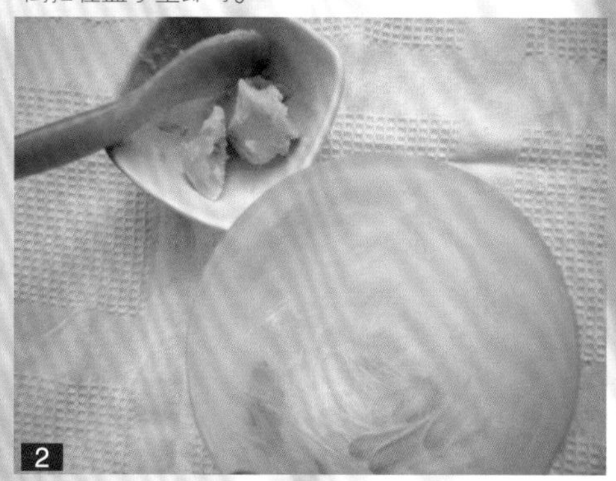

将发财进行到底

姜汁金沙汤圆

周末北京一场好雪，我们正带着亚亚在奥运森林公园玩，接到杂志社约稿任务，做当期“乐活志”元宵节的内容。还真是巧，本来我就想着来道听起来吉利吃起来有新意的汤圆——“姜汁金沙汤圆”，加上之前做的“抹茶汤圆”、“黑芝麻汤圆”，正好拿来交稿，皆大欢喜。

过年的时候，大家更讲究吃有好口彩的美食，正如“过年好”之后紧跟的一定是“恭喜发财”。谁要说不喜欢财那谁就活得不真实了，只要是正道儿上来的，那肯定多多益善。生活压力太大了，房子、孩子、车子，上有老下有小，过年过节拿什么孝敬父母？两手空空连自己都说不过去。

现在培养个兴趣爱好都得有银子支持，想换相机不是一天两天，不也憋到现在都没舍得出手么。更别提什么包包控、手机控、旅游控……哪个控后面少得了银子？我们和朋友开玩笑说亚亚大了不学钢琴，学吹口哨，那个不用花钱买乐器。哈哈！

能挣着当然好，年节时若吃上和发财有关的东西也只当是安慰了。所以连元宵的汤圆都要

讨个吉利。在吃过了传统的黑芝麻汤圆，加了东洋气质的抹茶汤圆以后，再用这款有着发财寓意的“姜汁金沙汤圆”换换口味也不错。

“姜汁金沙汤圆”，是在汤圆芯子里加进了鸭蛋黄、白芝麻粉、花生酱，再用黄油混合而成的。试想想这些本来就香气逼人的食材组合在一起的感觉。尤其是一口咬下去，融化的黄油带动着热乎乎金灿灿香喷喷的馅料缓缓流出……不，这并不算完，这碗汤圆可是用特地熬制的姜汤水打底，老姜的辛香让这碗汤圆更有暖身活血的功效呢！

元宵节，吃上一碗“姜汁金沙汤圆”，热热乎乎信心满满地出门挣钱去吧，让我们“将发财进行到底”！恭喜发财！

■ 金沙汤圆原料 ▶ ▶

鸭蛋黄9只、花生酱50克、熟白芝麻50克、黄油50克、糖20克、糯米粉100克

■ 姜汤原料

老姜一块、片糖一块

■ 金沙汤圆做法▼ ▼

1. 将熟白芝麻放在杯中用擀面杖顶端捣碎。（也可用食品加工机来操作。）
2. 鸭蛋黄放碗中盖上保鲜膜，蒸锅水开后，将碗放在笼屉上，中火蒸15分钟至熟。
3. 将刚蒸好的鸭蛋黄用叉子碾成末，利用这个时间把黄油放进关了火的蒸锅中，用余温把黄油化成液态。
4. 将芝麻碎与鸭蛋黄拌匀。
5. 倒入液态的黄油拌匀。
6. 加入花生酱拌匀。（汤圆4、汤圆5、汤圆6）

1

2

7. 将金沙馅料盖上保鲜膜，放冰箱冷冻半小时至彻底凝固。

8. 把凝固的金沙馅料分搓成山楂大小的球（搓的时间不要太长，否则手温容易使其融化不易整形。）

9. 把馅料球放进冰箱冷冻至硬。

10. 糯米粉分次调入温水揉成团，面团比耳垂略硬一些即可，太软会使包制的元宵在放置时外皮坠塌变形，将冻硬的金沙馅料包入。

11. 将汤圆封口搓圆后放置备用。锅内水开后下汤圆，煮至汤圆浮上表面即可。

12. 利用煮汤圆的时间另用一小锅煮姜汤，把切成片的老姜、片糖加两碗水煮开。碗里放进刚煮好的汤圆，再倒入热的姜汤水即可。

经久不衰

椰子木瓜冻

就喜欢北京的冬天，冷得干脆又满满的人情味儿。在冬天有些吃的是最适合做的也是最环保的，像什么肉皮冻、果冻、慕斯蛋糕。因为窗户外就是天然大冰箱啊，想冷冻的放露台，想冷藏的放厨房窗台，当初装修的时候厨房拆了暖气真是太明智了。

“椰子木瓜冻”就是这样一款不需要冰箱的甜品，放窗台上自然凝固，节能省电，低碳环保。漂亮的颜色带出凉凉甜甜清清爽爽，老人和小朋友都喜欢，妈妈们丰胸又瘦身。冬天吃多了厚味菜，用这个清清口，解腻又舒服。

在外头吃饭看到这么一道甜点，回家后琢磨着做了出来。次年被《贝太厨房》杂志的编辑相中，上了5月刊的封面，专业摄影师重新拍出来的那组特别漂亮，那时亚亚还是抱在怀里的小婴儿。

一转眼，今年录《家政女皇》时又被编导从我博客里相中，电视里重做一次，改成“牛奶木瓜冻”，加了个小妙招：用QQ糖代替不太好买的吉利丁片，效果非常好。

而现在，亚亚都已经上幼儿园了。前后近五年的时间，“椰子木瓜冻”经久不衰。

■ 原料 ▶ ▶

成熟木瓜1只、椰浆1听、糖20克、吉利丁3片

■做法 ▼ ▼

1. 吉利丁片提前5分钟泡在冷水里至变软。木瓜洗净表面，将蒂部往下约5cm横切开露出内部的籽，用长柄的小勺仔细将籽全部挖出。

2. 椰浆和糖放在厚底奶锅中，中火煮至刚刚沸腾后关火，轻搅至糖融化。将泡软的吉利丁捞出控干后，放入刚刚离火的椰浆里，轻搅融化，隔冷水降温。

3. 降至常温的椰浆倒入挖空心并保持立着的木瓜里，再盖上瓜蒂部分。放温度在0至4度之间的室外或窗台上，两小时左右内部凝固后，即可切开装盘。

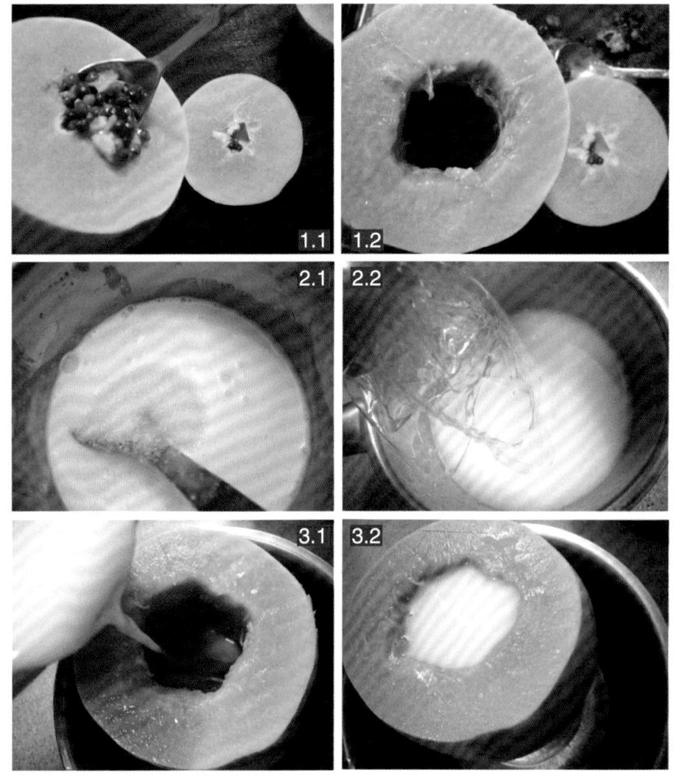

蔻蔻心得

1. 可以直接用听装椰奶代替椰浆，不用加糖。

2. 可用透明的QQ糖代替吉利丁，比例是20-22粒QQ糖配200克液体（椰汁或牛奶）。

3. 这是款冷藏甜品，放在室外时温度不能低于零下，真的冻成冰可就不好吃啦。其他季节需放冰箱冷藏四小时左右。

精品男人 焦糖香蕉冰激凌

香草冰激凌、草莓冰激凌、巧克力冰激凌、咖啡冰激凌、焦糖冰激凌，被称为冰激凌中的“母冰”，在母冰的基础上可以变化出很多花样品种，五大母冰我都做过。我的感觉，它们代表着各个年龄阶段的人们。

香草冰激凌，是可爱的15岁小姑娘，单纯、甜美、浓郁的奶香仿佛未脱的稚气。

草莓冰激凌，是18岁的女孩子，漂亮、酸甜，开始有自己的小想法，人见人爱。也明白珍惜自己的美丽青春。正如用当季新鲜草莓做的冰激凌，只能品尝短短一个春天。

巧克力冰激凌，是二三十岁的男孩子，特点鲜明，个性张扬，苦中带甜。

咖啡冰激凌，倒像三十五岁以上的男人，香醇味浓、低调自信，很有市场。

焦糖冰激凌，可算男人中的精品。主料焦糖制作略费工时，也颇有小风险，可味道绝对棒。那种诱惑的焦糖香甜在嘴里若隐若现，浮浮沉沉，让人忍不住一口口吃下去想进一步捕捉。这种感觉像是与成熟男人展开的恋情，欲罢不能，荡气回肠。

焦糖酱也被称为“太妃糖酱”，这是因为与制作太妃糖在原料和程序上大致相同，味道也基本一致。我在后期加入了新鲜香蕉蓉，调和一下焦糖明显的个性。这有点像男人要保持一点儿调皮，才更有魅力。

也许我们错过了精品男人，但是我们不可以错过这款如极品男人般的冰激凌。

■ 原料

中号鸡蛋6个、细砂糖100克、牛奶250毫升、淡奶油300毫升、香草棒1只、香蕉100克、水40克、鲜柠檬汁少量

■ 做法

1. 厚底奶锅中倒入细砂糖、水（水量以刚没过糖为标准），小火慢慢熬至水分挥发，锅内出现鱼眼状糖泡沫，散发出焦糖香味，并且琥珀色，关火。

2. 提前将淡奶油加热，倒入刚离火的热焦糖，此时会有大量泡沫产生并容易喷溅，注意不要烫到。搅拌均匀后接着再倒入牛奶搅匀。

3. 分离出蛋黄，并用手动手蛋器搅打至呈浅黄色。将刚煮好的焦糖牛奶少量分次地缓慢倒入打蛋黄液并不停划圈搅拌，以免蛋黄遇热烫熟成块。

4. 取出香草壳，隔温度约80度左右的热水加热牛奶蛋黄液，并不停兜底搅拌，加热至感觉蛋奶液略略变稠即可关火，将蛋奶液隔冰水降温。

5. 香蕉去皮后，处理成香蕉蓉，尽快挤上几滴新鲜柠檬汁匀，以免香蕉氧化变黑。

6. 将香蕉蓉与冷却的焦糖蛋奶液混合均匀后，倒入密封的盒中。放冰箱冷冻至半凝固后取出，用打蛋器搅打一次，再放进冰箱冷冻。隔一个半小时后再取出搅打。这样重复三次，最后密封冷冻至完全凝固即可。

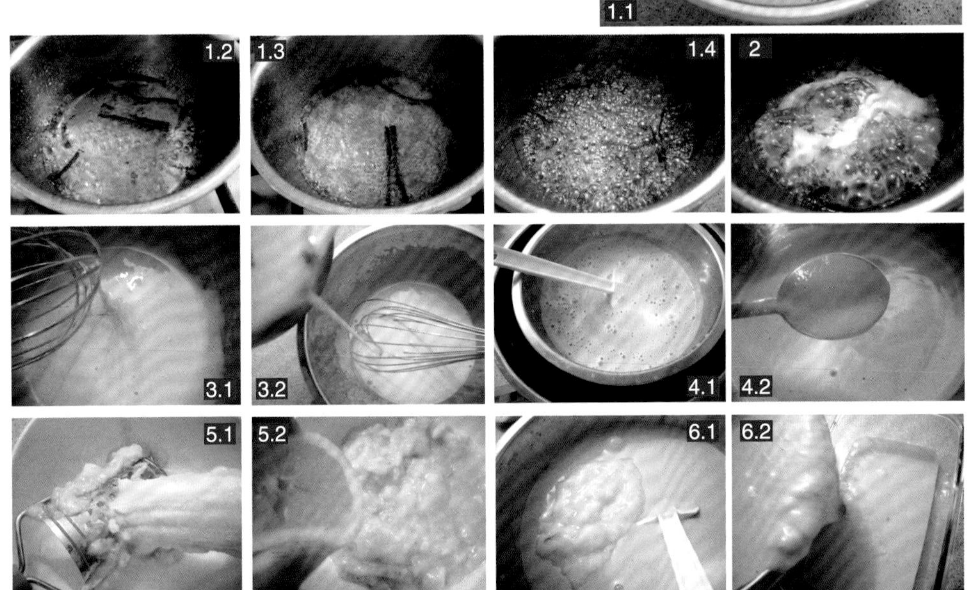

冰激凌的小奢侈

枫糖浆冰激凌

对枫糖浆一向比较有好感，喜欢它独特的枫叶香味还兼具糖浆共有的焦糖味道，淋在戚风蛋糕、华夫饼、可丽饼上面可谓锦上添花，是大多数甜品的绝好搭配。只是，小小一瓶的价格却不怎么亲民。

曾经用它做过“枫糖芝士蛋糕”，一下子就用掉不少。舍不得经常这样大手笔。这次打算再奢侈一回，拿枫糖浆作主料，做一款味道独特的冰激凌，为了让口味和外观更富于变化，加进了不是太甜却酸得清爽地覆盆子果酱。整款冰激凌里，用掉半瓶枫糖浆的成本抵得上其他材料的好几倍了。负责任地说，相当物有所值，在外面哪能吃到做法这么奢侈的冰激凌呢。

枫糖浆香甜如蜜，风味独特，富含矿物质，是很有特色的纯天然的营养佳品，是加拿大最有名的特产。枫糖含有丰富的矿物质、有机酸，热量比蔗糖、果糖、玉米糖等都低，但是它所含的钙、镁和有机酸成分却比其他糖类高很多，能补充营养不均衡的虚弱体质。用枫糖浆做的冰激凌低热量又不失营养，比较适合小朋友。

■ 原料

纯牛奶250毫升、淡奶油250毫升、香草荚1条、中号蛋黄4只、枫糖浆80毫升、香草砂糖25克、覆盆子果酱60克

■做法

1. 香草荚对半剖开，用刀尖刮出内部的细籽。

2. 将剖开的香草荚和籽、牛奶、淡奶油，一起放进厚底奶锅中加热，煮到即将沸腾时关火，加盖焖5分钟让香草荚的味道更多渗入到奶液里。

3. 蛋黄打入料理盆中，倒入枫糖浆、香草砂糖。

4. 用手动打蛋器将盆内材料划圈混合搅拌均匀。

5. 香草荚外皮从煮好的牛奶里捡出，将牛奶慢慢冲进蛋黄糊里。边冲边搅拌以免热度将蛋黄糊烫出蛋花。

1

2

3.1

3.2

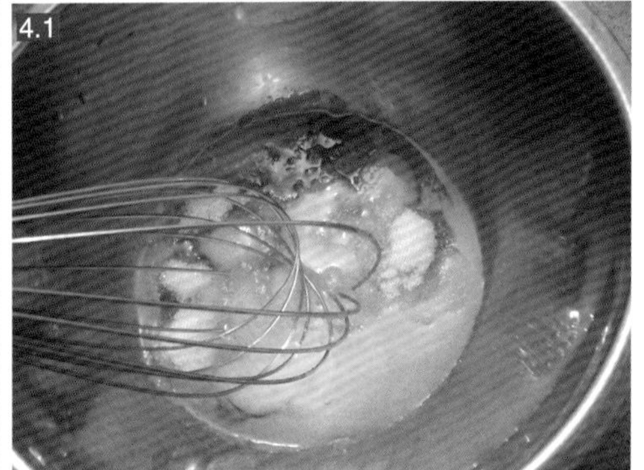
4.1

6．将装牛奶蛋黄糊的料理盆热水加热，轻轻画圈搅拌至感觉略微黏稠，这时牛奶蛋黄糊沾在勺子上用手划一道痕并不会合拢，即可关火，加盖晾凉。

7．将凉了的冰激凌液体过滤至保鲜盒密封，放进冰箱冷冻。

8．冷冻约1.5-2小时后取出呈半凝固状的冰激凌，用电动打蛋器低速搅拌一次，再密封好放进冰箱冷冻两小时左右取出搅拌再冷冻。

9．将第三次冻至半凝固的冰激凌取出打松后，在冰激凌表面挤上覆盆子果酱，用勺子略微搅拌几下，使内部出现大理石花纹。再密封好，放冰箱冷冻至完全凝固即可。

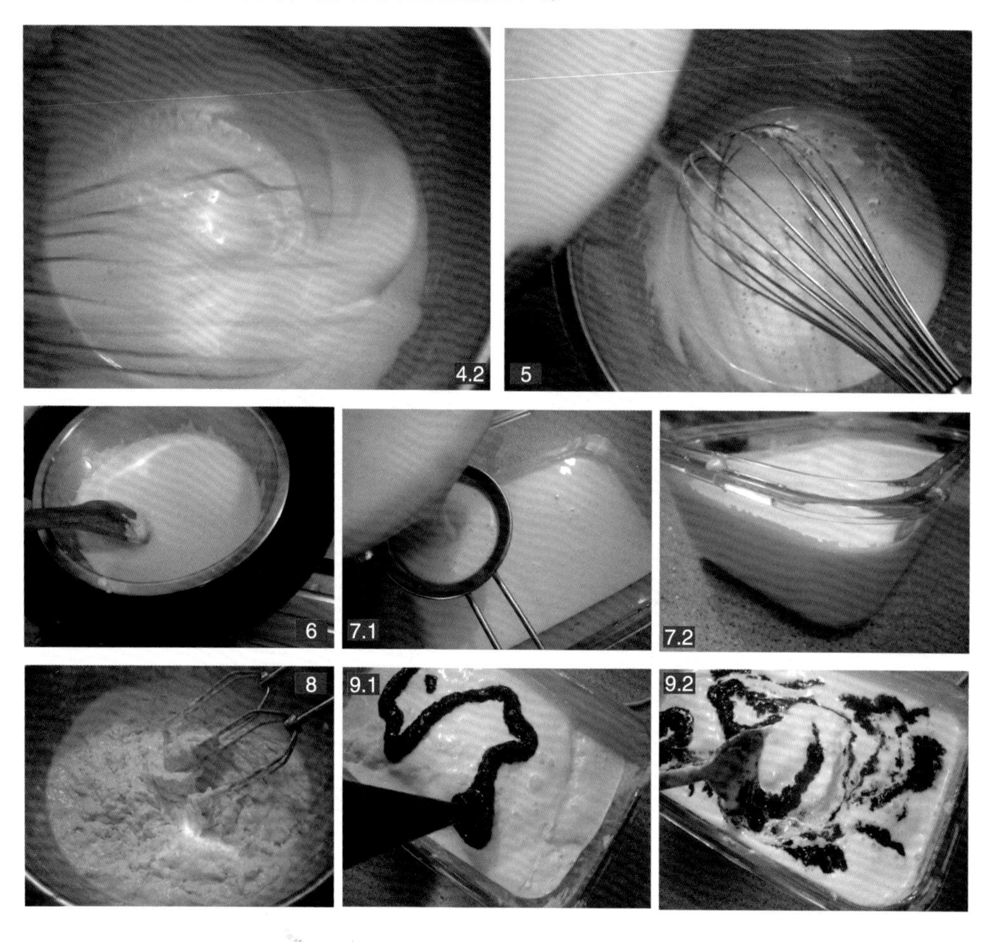

蔻蔻心得

1．可以用普通糖浆或有特色的蜂蜜代替枫糖浆。

2．香草荚如果买不到，用两三滴香草精或是1/8勺香草粉代替。可用普通砂糖代替香草砂糖。

3．果酱比例不要过大，可以选用其他口味。

与回忆有关 迷你玛德琳

现在的烘焙爱好者，有多少是被当年大热的韩剧《我是金三顺》领上道的呢。当剧中女主角拿着那枚小蛋糕说起它的来由时，我的注意力却全在她手中那枚小蛋糕的上，套用《红楼梦》里宝黛初见时的一句词："呀，这位妹妹我见过的！"，这是著名的"玛德琳"。

正如意大利经典甜点"提拉米苏"（Tiramisu）代表着爱情，法国风味十足的贝壳蛋糕"玛德琳"（Madeleine），却因法国著名作家马塞尔·普鲁斯特的小说《追忆似水年华》而成为"回忆"的代名词。

我的烘焙之路，正是由这一枚小小的玛德琳开始。这是我学习的第一款西点，简单的做法让我第一次体会到了烘焙的成就感和喜悦，从此一发而不可收拾。

由此联想到美国知名梅里尔·斯特里普主演的《朱莉和朱莉娅》（Julie & Julia），在我看来，这是部向美国知名女大厨朱莉娅·查尔德(Julia Child)致敬的电影，厨艺爱好者烘焙爱好者能从中找到共鸣。

剧中有几段情节貌似夸

张却分外写实：

朱莉怎么也做不好那只填鸡，以致精神崩溃躺在地板上痛哭，而我刚开始学烘焙时也有过相同的情形。夸下海口给同事做芝士蛋糕，晚上烤好后急于脱模但经验不足，蛋糕过于软滑断成好几块，气得我看着掉进水池中的蛋糕急得大哭。哭完了重新调配原料接着再烤，烤完按流程冷藏四小时以后再脱模，全部装饰妥当已经是第二天的清晨。在厨房折腾一夜的我却因为蛋糕的完美而情绪高涨。

朱莉娅的丈夫送了她一副硕大到几乎搬不动的、打上鲜红蝴蝶结的研磨缸当作情人节礼物，深得她欢心。我能体会得到她的喜悦。对于喜欢爱烹饪喜欢爱烘焙的女人来说，任何奢侈品都比不上收到心仪的厨房用具或是新鲜食材来得更快乐。先生与其送我名牌包包，还不如送我台好用的搅拌机。

朱莉说“令人生厌的一天工作以后，当看到巧克力、黄油、糖，能够好的融合在一起，是种安慰”。真是说到我的心坎里去了。爱上烘焙就是因为她带给我当时工作中所缺少的宁静安详。这么多年，回首看去，人生喜乐多与此相关。

感谢八年前初遇玛德琳的那个午后，看着面糊在烤箱中变幻成芳香美丽的贝壳蛋糕，当温暖轻盈的玛德琳在口中弥散开来，我知道，我的新世界，来了……

■ 原料（40块）▶▶

鸡蛋2枚、糖60克、柠檬2只、香草精3滴、低粉100克、盐1/4小勺、泡打粉1/2小勺、色拉油70克

■做法▼▼

1．将柠檬黄色的外皮擦成碎，白皮部分发苦不能用。

2．料理盆中放入蛋、糖、盐、香草精、色拉油，柠檬皮碎。

3．用手动打蛋器搅拌混合至均匀，挤入半只柠檬汁搅拌均匀。

4．加入提前过筛的泡打粉、低筋面粉拌匀。静置1小时。

5．将面糊装入裱花器中，挤至迷你玛德琳模中至八分满。180度烤12分钟左右即可。